華 章 圖 書

一本打开的书，一扇开启的门，

通向科学殿堂的阶梯，托起一流人才的基石。

好设计，有方法

我们
在搜狐
做产品体验设计

李伟巍 等著

Good Method, Good Design

图书在版编目（CIP）数据

好设计，有方法：我们在搜狐做产品体验设计 / 李伟巍等著. —北京：机械工业出版社，2019.7

（UI/UE 系列丛书）

ISBN 978-7-111-63240-5

I. 好… II. 李… III. 人机界面 – 程序设计 IV. TP311.1

中国版本图书馆 CIP 数据核字（2019）第 144424 号

好设计，有方法：
我们在搜狐做产品体验设计

出版发行：机械工业出版社（北京市西城区百万庄大街 22 号 邮政编码：100037）

责任编辑：李 艺　　责任校对：张惠兰

印　刷：中国电影出版社印刷厂　　版　次：2019 年 8 月第 1 版第 1 次印刷

开　本：170mm × 230mm 1/16　　印　张：16.25

书　号：ISBN 978-7-111-63240-5　　定　价：99.00 元

客服电话：（010）88361066 88379833 68326294　　投稿热线：（010）88379604

华章网站：www.hzbook.com　　读者信箱：hzit@hzbook.com

作者简介

李伟巍

搜狐媒体 UED 中心　设计总监

资深体验设计专家，拥有超过 10 年的产品体验设计和团队管理经验。现就职于搜狐，负责管理设计团队，优化各业务线的产品体验设计和品牌视觉设计。曾就职于科学院、凤凰网、畅游等，从事网页、视觉、UI、交互、产品等相关设计工作。在体验设计领域拥有非常深厚的积累，擅长从用户的 5 个体验要素来推导产品的交互体验设计，真正为用户解决真实场景下的实际问题。热衷于打造极致的产品体验设计，多次组队参加各种极客大赛、清华大学的创客挑战赛、搜狐黑客大赛等，每次都能摘得不同的奖项。曾受邀作为搜狐各种新员工培训演讲嘉宾，担任创意比赛评委等。

霍冉冉

搜狐媒体 UED 中心　高级设计师

拥有超过 10 年的视觉产品体验设计经验。现就职于搜狐，负责管理设计团队，优化各业务线的产品体验设计和品牌视觉设计。曾就职于开心网、畅游等公司，从事 UI、视觉等相关设计工作。在体验设计领域拥有非常深厚的积累，擅长品牌视觉、UI 设计，多次负责主导优化大流量产品线的体验改版设计、主导重要栏目和大型活动主视觉设计。热衷于打造极致的产品体验设计。

钟秀

搜狐媒体 UED 中心　高级设计师

资深体验设计师，来自内蒙古的 85 后设计师。现就职于搜狐，为业务部门提供设计支持。曾任职于人人网、创新工场。在界面设计、交互设计、产品设计等方面拥有丰富的实战经验。负责设计的问答类游戏 App“么么答”曾登上 App Store 榜首。

孙伟

搜狐媒体 UED 中心　高级设计师 / 现就职于贝壳 KEDC 中心

资深 GUI 设计师，之前就职于搜狐，现就职于贝壳 KEDC 中心，为业务部门提供设计支持。曾就职于人人网、销售易、e 代驾等，从事各产品线的体验设计工作。擅长 GUI 设计，设计了很多优秀的栏目 logo，喜欢用手绘的形式记录日常生活。热衷于通过绘画表达情感化的人生。

王婷宇

搜狐媒体 UED 中心　高级设计师

资深视觉设计师，现就职于搜狐，为各业务部门提供设计支持。曾就职于人人网等大型互联网公司，从事视觉、UI、品牌等相关设计工作。擅长视觉、GUI 设计，设计了很多优秀的栏目 logo 和大型活动主视觉，喜欢通过情感化的表达打造极致的视觉盛宴。热衷于使用各种设计手法表达不同的视觉理念。

杨茜茜

搜狐媒体 UED 中心　高级设计师 / 现就职于网易有道 YDC 中心

资深交互设计师，之前就职于搜狐，现就职于网易有道 YDC 中心，为业务部门提供设计支持。曾就职于浙江日报、培训机构、机械研究所等，从事教育和设计工作。擅长工业设计和交互设计，喜欢深入研究体验设计的前因后果从而为产品提供最优的体验设计。热衷于打造极致的体验设计。

陈昕冉

搜狐媒体 UED 中心　高级设计师 / 现就职于贝壳 KEDC 中心

资深体验设计师，之前就职于搜狐，现就职于贝壳 KEDC 中心，为业务部门提供设计支持。曾就职于新浪微博、风行网、搜狐体育等，从事各视觉设计工作。擅长视觉和 UI 设计，设计了很多大流量的线上产品，喜欢将学到的各种新的设计形式运用到产品设计中。热衷于打造极致的体验设计。

赞誉

移动互联网飞速发展的今天，各类优秀应用层出不穷，我们发现任何一个好的应用都有一个共同点——好的设计。而好的设计最终能否转化成好的产品为用户提供服务，需要整个团队所有人都了解设计原理，关心设计的过程，并且密切配合、通力协作，目标一致。

本书深入浅出地介绍了产品设计的基本理论知识，同时通过一些具体的案例分析，以及作者团队以往的一些经验和心得分享，向我们讲述了如何才能做出好的设计，也让我们更加了解设计团队。只有了解了这些，我们才能更好地理解设计师的想法，协作也会更顺畅，尤其当开发者从设计师的角度思考问题时，整个组织都会受益匪浅。

陈毅　多点 Dmall 移动端资深研发经理

马歇尔·麦克卢汉曾经说过一句话：“每个人经历的远比他所理解的要多得多。影响行为的是体验，而不是理解。”

我们常常强调“以用户为中心的设计体验”，那么什么样的设计才是真正做到“以用户为中心”，真正能够让用户自然、无碍地与你的产品进行交互呢？当我们一边享受着智能化生活带给我们便利的同时，也慢慢发现，用户需求在悄然发生改变，使用场景也变得愈加复杂，再加上技术瓶颈等重重困难，设计师早已不仅仅局限在视觉、交互设计等范畴，而是要从用户本身出发，结合用户研究、数据分析、商业思维、品牌思维等赋能完成最终的设计结果。做用户真正喜爱的产品，同时也能够让你的设计产生增长式的商业价值。

本书中讲到很多有效的用户体验设计方法，相信你一定会有所收获。

陈子　APUS 设计中心总监

如今消费升级所带来的比较明显的变化是：用户的“体验”被提到了一个前所未有的高度，即需求的体验和情感的体验。然而，功能性的需求是容易被实现的；而情感化的需求就远远不止于此了。本书将带领你学会如何从业务的角度入手，解决体验的壁垒，直达用户的情感，让体验设计真正成为驱动商业成功的战略。

刘静　来伊份科技用户体验设计中心总监

设计始终都是以人为本，需要在人们的日常生活当中发现问题，并通过思考，寻求合适的方法去解决。

在设计的过程中寻求设计方法是对问题本身的拆解再解读并解决的过程，而设计方法论并不是限制设计师的创新，而是帮助设计师更科学地去思考问题，从而得到合理的设计方案。

作为一个优秀的设计师，不仅仅要在规则内思考问题，也需要通过不断学习和借鉴来打破常规，构建出属于自己的设计思维体系。

胡长宇　海外 UED 设计负责人

我一直认为，中国互联网体验设计力量的发展壮大，一定是伴随着像搜狐这样的本土互联网企业成长而同步演进的，围绕“用户为中心”的体验设计策略，互联网产品体验的前瞻和细腻是最先从各个行业中跳脱出来的，互联网企业也由此受益颇多。本书阐述详细，案例丰富，是经典的互联网体验设计方法呈现。诚然，当今阶段，各类新方法、新思维层出不穷，但设计所要解决的最根本问题，并没有那么玄奇，实实在在的好设计，都在这本实实在在的好方法里，值得互联网体验从业者人手一本，细细品读。

张贝　腾讯金融科技市场部设计中心负责人

在移动互联网时代下，用户体验已成为优秀产品的必需品，是做产品不可或缺的部分。好设计能触达人心，给用户带来惊喜，能提升产品的用户体验，使产品有好口碑，在激烈的市场竞争中获得增长。

本书提供了一套做好设计的方法，还总结梳理了很多一线实践经验，引领产品团队做好产品，提升产品的用户体验。

张在旺　知名咨询师，《有效竞品分析》作者

序1

随着IT技术的发展，越来越多的互联网产品在改变着我们的生活和思维方式。每个互联网产品的诞生都是一个系统工程，包含了产品运营规划、流程规则设计、产品设计、数据设计、后端开发、前端开发、运维服务等多个环节。其中，产品设计环节处于距离用户最近的位置上，任何优秀的产品规划和严谨的技术开发如果没有构思精妙的产品设计进行包装输出，都只是在做无用功。新一代的年轻人是互联网产品的“原住民”，不流畅或不符合口味的设计体验，会被“原住民们”直接抛弃，就如同难看的衣服没有机会展现材质的优良和做工的精巧。所以，在互联网产品项目中，设计工作的重要性越来越高，对设计师的要求也越来越高。

李伟巍是我之前同一部门的同事，带领搜狐汽车的设计团队，有丰富的互联网产品设计经验，并且一直保持着对设计领域新技术和新方向的饱满热情，我非常敬佩。在之前一起工作的过程中，我们有大量沟通，他对于设计工作的理解，给了我很多启发和思考。

今年初的时候，李伟巍告诉我，他和设计团队写了一本书介绍对于设计方法的理解，我非常期待，第一时间阅读了原稿。分享两点阅读感受：一是产品设计的出发点，不能仅仅是设计本身，要考虑大量的周边因素，包括用户类型、竞品状态、发展趋势、产品阶段、整体一致性等；二是设计工作是有固定的方法和模式的，设计师并不是在天马行空的创作，而是按照一些成熟的工作方法、模式和技巧来打磨锤炼设计产品，并且有客观的考核方式来验证设计作品是否达到了产品目标。

本书结构简洁清晰，包含了大量的工作实例以及基于这些实例的方法总结，是非常好的实用书籍。如果你是互联网产品的设计师，想提升自己的产品设计水平，阅读本书是一个高效的途径；如果你是互联网产品经理，阅读本书可以看到很多从用户体验角度出发的设计改进实例，对于提升自己对产品的理解有积极的作用。

最后，恭祝本书的出版，希望能够给读者带来帮助。

搜狐焦点 CTO 李少鹏

序2

很高兴看到了搜狐设计团队创作的《好设计，有方法》。本书中的“设计”是指互联网产品的“用户体验设计”，适合互联网行业中与用户、产品紧密相关的从业人员学习、借鉴、应用如用户研究人员、产品经理、设计师、开发工程师（尤其是用户端开发工程师）等。

我尤其要向广大中小互联网公司的产品经理、设计师来推荐这本书。

在互联网行业中，如搜狐这样的大公司普遍有更细的专业分工，更齐全的岗位配置。具体到产品的用户体验设计，大公司的设计团队承担了很大的职责，通常也有较强的专业能力。同时，大公司有丰富的产品、巨大的用户体量、复杂的应用场景。因此，大公司专业设计团队提炼出来的设计方法，很有价值。

相比之下，广大的中小型公司岗位专精程度普遍不高。具体到用户体验设计，中小型公司的产品经理普遍侧重于产品功能规划，设计师则普遍侧重于产品原型的视觉实现。中小型公司的产品经理、设计师对用户体验设计很多存在认知不足、方法不佳的问题。针对这一问题，这本书或许是一个解决方案。

通过本书可以系统学习经过实战验证的好设计方法，然后在实战中去应用这些设计方法，提升公司的用户体验设计能力，打造出体验更佳的好产品。增强公司的产品竞争力，同时也让自己变得更有价值。相信这也是本书作者们的愿望。

车马　多家互联网公司联合创始人 /CEO，《首席产品官 1—从新手到行家》《首席产品官 2—从白领到金领》作者

前言

为何写作本书

笔者在互联网圈摸爬滚打十数年，见证了互联网的发展历程。

Web1.0 时代。向用户单向推送信息，由网络平台提供内容供用户阅读，用户根本没有选择权，代表站点为搜狐、新浪、网易等门户网站。笔者当时正奋斗在网络前台的一线，被人称之为“美工”，不仅要设计网页，还要通过 HTML 和 CSS 将页面写出来。

Web2.0 时代。注重用户的互动，用户当家作主，是网站内容的浏览者，也是网站内容的制造者。这个时代网站内容是基于用户的，诸多功能也由用户参与建设，实现了网站与用户的双向交流和参与，形成了以网络平台为代表的人与人之间的沟通，典型代表有新浪微博、天涯社区、自媒体。笔者这时变成了 UI 设计师，负责设计前后端、App、Pad 等界面，页面已经交由各端的工程师去设计了。

Web3.0 时代。这里有人工智能、关联数据和语义网络的构建，形成了人和网络以及网络与人的沟通，配合大数据的智能推荐，大大提高了人与人之间沟通的便利性。在这个时代，网络都是以大平台形式存在，成为用户需求的理解者和提供者，网络记录用户的行为习惯，通过资源筛选、智能匹配，精准地为用户提供答案，代表产品可能会有微信、阿里云、百度 Apollo 等。

在 Web 3.0 时代，笔者绝不可能只是个简单的 UI 设计师，还应该是个初级的产品经理、中级的交互设计师、高级的视觉设计师，而且有一套自己的设计语言体系，才有资格去做好未来的设计。

互联网的发展带动设计师从幕后走到了台前，转身成为视觉设计师、UI 设计师、GUI设计师、交互设计师、工业设计师等。这就对设计的精细化程度要求越来越高，已经不局限在设计本身，而是向用户传播一种设计语言、传达一种力量。但很多设计师依然是在做执行工作，设计好需求，实现功能，这样的思维越来越不能满足Web3.0时代的需求。

一路走来，笔者亲历了很多产品的开发设计过程，也从零开始做过很多新产品的尝试，有喜有悲，踩过很多坑，总想把这些经验汇总并分享出来，避免再有人去走同样的弯路，浪费精力、浪费时间、浪费钱。

笔者带领团队与各个业务线对接设计需求时，也了解到很多业务线指标在产品中的体现，设计能提升业务线的指标，这才是核心价值所在。用户经常会吐槽各种广告乱象问题，那其实是产品赋予业务的价值所在，只是没有站在用户的角度，用错了场景，体验设计做得不好，对用户造成了干扰，伤害到了用户的感情。业务指标是产品商业价值的体现，但如何通过体验设计来提升，还有很多方式和方法。

笔者结合工作中的实际案例，总结了一些关于做好产品的方式和方法，在此分享出来，同业内的小伙伴们一起探讨，期许得到大家的批评和指正，如果还能为他人带来一点贡献，那真是极好的。

本书主要内容

本书将用户作为产品设计的第一梯队，重点介绍了我们应该如何了解用户。开篇以用户需求的层级作为出发点，讲解了如何为用户量体裁衣。通过迭代产品的方法来找到精准的用户画像，有针对性地采用正确的方法，对不同的用户做差异化引导。伴随着产品发展的过程，用户在不断成长，需求也发生着变化，如果产品跟不上这些变化，就会被用户摈弃。为了更好地了解用户的需求，笔者还分享了团队在做线下调研过程中所收获的丰硕成果。

了解用户的设计需求后，就进入产品设计的第二梯队：设计的方法。任何设计都应有其设计源头，所以形成自己的设计语言就显得格外重要。各个平台的设计语言都不一样，所以在设计上还要区分不同的载体，才能符合各平台的设计规范。在设计的过程中，往往还会利用竞品，不断创新，提升产品的价值。此外，产品中很多模块的设计乱象丛生，我们在这里将其一一梳理出来，总结出一些方法供大家参考。比如弹出层设计、列表设计、情感化设计等。最后还总结了聚焦设计的各项原则以及一些设计禁忌。

掌握了设计产品的方法以后，我们还需要了解用户使用产品的场景。文中解释了用户体验场景的一些基本概念，系统解构了用户场景的框架关系，整体分析了用户场景中的情境类型，并结合实例讲述了我们常见的匹配场景。最后再通过用户的使用场景来做测试，从而更好地验证其匹配度。

书中还讲述了团队管理中的一些方法，从设计团队中的主要管理工作说起，将工作内容分为几个部分详细讲述，总结了团队管理中的激励机制，又综合性地讲述了团队中经常遇到的几个难题，并分门别类地给出了对应的解决方案。

在本书附录部分，参与编写本书的作者们各自讲述了自己从事设计的心路历程，总结了他们在设计中遇到的难题及各自的解决方案，希望能给大家带来一些启发和参考。由于篇幅限制，附录部分仅提供电子版。

本书读者对象

本书主要从产品体验设计的角度进行详细阐述，包括怎么了解用户、怎么做好设计、怎么利用场景、怎么做好产品、怎么管理团队等。本书没有局限于只讲设计，而是在讲述我们怎么做产品，体验设计如何为产品提供更好的服务，为用户解决需求，所以本书适合的阅读人群比较广泛。

第一类：互联网领域的设计师、产品经理、前端工程师、开发工程师等群体。

本书对于从事互联网设计的设计师来说绝对是一个福音，我们将产品设计中遇到的各种疑难杂症全部梳理出来，列出各种对应的解决方法，总结出体验设计细节的设计原则，帮助设计师从初级迅速进阶到高级。

书中先从了解用户的需求出发，带你慢慢融入体验设计，再结合用户的使用场景来做产品，每个阶段都与产品经理的工作深度相关。产品经理需要是一个全能型选手，对设计和开发都要有所了解，才能把握好产品的方向，而这本书全面地讲述了产品从无到有的设计过程，相信会对你大有裨益。

针对前端工程师和开发工程师来说，好产品要经过团队共同打磨，体验设计的细节又都需要开发来实现，很多设计原则就是技术结构的底层逻辑。工程师们如果了解了设计的源头，就大大减少了中间的沟通环节，同时还能清晰地理解产品的设计逻辑。

第二类：企业管理者、项目经理、团队管理者等。

企业都是以产品为驱动，作为企业管理者、项目管理者，实时获悉产品的动态可谓势在必行。他们的一个决策可能会让产品数据发生很大波动。本书从各个层面诠释了产品的设计细节及其所造成的影响，帮助管理者更清晰地了解发展所处的阶段，应该制定什么样的策略。

书中还讲述了团队管理的方法和技巧，深入到产品设计的各个细节，跨部门沟通协作等，还总结了设计团队经常遇到的一些难题以及应对的解决方案，可以对团队管理提供一定的参考。

致谢（排名不分先后）

我们写这本书，受到了《创新者的窘境》《在你身边，为你设计》《参与感》等书籍的启发。我们也想把我们团队在做产品设计过程中遇到的问题，以及我们自己多年总结的设计经验分享给大家，期许能为大家提供一些参考。

感谢参与本书内容编写的霍冉冉、钟秀、孙伟、王婷宇、杨茜茜、陈昕冉。没有你们长时间的付出，就不可能有这本书的顺利出版。感谢你们的陪伴与坚持。

感谢机械工业出版社的杨福川、佘广、孙海亮、李艺及参与编辑的团队人员，谢谢你们一直给予我们专业上的支持和帮助，保证了本书的顺利出版。

感谢我的儿子 David、女儿 Jenny 一直在为我提供体验认知的实践，感谢我的妻子 Chris 宝在身后默默地奉献支持。你们是我坚强的后盾，感谢有你们，帮我一起完成了本书的写作。

李伟巍

目录

作者简介
赞誉
序 1
序 2
前言

第 1 章 以用户为中心的设计 1
1.1 用户需求的三个层级 1
1.1.1 第一层级：痛点型需求 2
1.1.2 第二层级：痒点型需求 3
1.1.3 第三层级：兴奋点型需求 3
1.1.4 用户需求的层次 4
1.2 如何为用户量体裁衣? 5
1.2.1 用户、需求、产品的关系 5
1.2.2 没有所有人，只有细分的群体 7
1.2.3 接受用户的多面性 8
1.2.4 有的放矢地做好产品设计 9
1.3 通过产品数据勾勒用户画像 11
1.3.1 用户画像的 3 个维度 11
1.3.2 建立信息画像 12
1.3.3 绘制行为画像 14
1.3.4 勾勒分群画像 16

1.3.5 验证用户画像 19
1.4 引导设计降低用户成本 21
1.4.1 引导行为产生的 3 要素 21
1.4.2 引导设计的 3 种类型 23
1.5 需求是个变量? 26
1.5.1 搜狐的流量被侵蚀、用户被分流 27
1.5.2 产品伴随用户一起成长 28
1.5.3 “喜新厌旧”就是人性法则 28
1.6 通过真实调研了解用户 29
1.6.1 为什么要做调研 30
1.6.2 案例：如何做调研 30
1.6.3 调研中的常见问题和经验总结 35
第 2 章 有源设计 37
2.1 设计语言的概念 37
2.2 设计语言带来的好处 38
2.3 制定设计语言需要遵循 6 个设计原则 40
2.4 设计语言推动评审案例 43
2.5 数据验证设计语言的方向 44
第 3 章 区分不同载体的设计 46
3.1 iOS 和 Android 之间的差异 46
3.2 设计风格的差异 48
3.3 控件的 6 个差异 54
3.4 WAP 和 App 之间的差异 64
3.4.1 屏幕尺寸的差异 65
3.4.2 有效操作的设计差异 66
3.4.3 设计像素的差别 68
3.5 WAP 和 PC 的差异 68
第 4 章 利用竞品做好设计 73
4.1 竞品的 6 个参考价值 73

4.2 “用户体验 5 要素”竞品分析法 74
4.3 学习竞品的原则 79
4.3.1 明确产品所处的阶段 79
4.3.2 产品功能分析 80
4.3.3 体验设计的亮点 83
4.3.4 用户使用评价形成的口碑 85
4.3.5 创新变革才是硬道理 86
4.4 竞品里面的一些坑 87
4.4.1 找差异化 87
4.4.2 鉴别优劣 87
4.4.3 标新立异 88

第 5 章 定制弹出层体验设计 90
5.1 弹出层的功能 90
5.2 错误的弹窗 91
5.3 弹窗分类 93
5.3.1 模态弹窗 93
5.3.2 非模态弹窗 96
5.4 弹窗设计的 6 个原则 97
5.4.1 轻打扰 97
5.4.2 统风格 98
5.4.3 优设计 99
5.4.4 同交互 100
5.4.5 简文案 101
5.4.6 定制化 103

第 6 章 情感化设计 104
6.1 生活中的情感化设计 105
6.2 产品中的图标情感 107
6.3 情感化图标设计原则 108
6.4 图标设计技巧 111
6.5 改版产品实战 115

第 7 章　列表设计　119
7.1　为什么要使用列表　119
7.2　列表类型　120
7.2.1　功能列表　120
7.2.2　内容列表　121
7.2.3　列表浏览的交互模式　126
7.3　使用列表时遇到的问题　129
7.3.1　缩略图　129
7.3.2　缩略图的比例　132
7.3.3　信息布局　132
7.3.4　对齐间距　134
7.3.5　分割线　136
第 8 章　轻量化设计　140
8.1　什么是轻量化设计　141
8.2　为什么要轻?　141
8.3　产品中的轻　144
8.4　如何做到轻　146
第 9 章　品牌设计　150
9.1　品牌战略的巨头　150
9.2　产品即体验　152
9.3　产品中的品牌设计　153
9.4　品牌提升技巧　157
第 10 章　聚焦设计的 3 大原则　161
10.1　沉浸式设计　162
10.1.1　心流理论　162
10.1.2　沉浸体验的理解　163
10.1.3　沉浸体验的应用　165
10.2　高效设计的 10 个原则　167

10.3 简单思维 171
10.3.1 三个维度 172
10.3.2 用户不关心算法 172
10.3.3 傻瓜式体验 174
10.3.4 别让我思考 176
10.3.5 生活中的简单事例 177
第 11 章 设计师的 6 个禁忌 179
11.1 不要拿到需求就直接做 179
11.2 不要忘了你才是设计师 181
11.3 不要让用户只记住你的设计 182
11.4 不要只顾着埋头苦干 184
11.5 不要随波逐流 185
11.6 不要认为团队缺你不行 186
第 12 章 用户体验场景 188
12.1 用户体验场景的理解 188
12.1.1 以用户和产品为中心 189
12.1.2 场景类型 189
12.1.3 产品中结合场景的实例 190
12.2 解构用户场景 192
12.2.1 Who：用户 193
12.2.2 Where：空间 193
12.2.3 When：时间 194
12.2.4 Why：动机 194
12.2.5 Service：服务 195
12.3 场景中的情境类型 196
12.3.1 环境情境 197
12.3.2 人文情境 198
12.3.3 特殊情境 200
12.4 用户场景的匹配 204
12.4.1 正确匹配 204

12.4.2 配得不恰当 205
12.4.3 匹配错误 206
12.4.4 产品中的场景匹配 206
12.5 产品设计与用户场景的结合 209
12.5.1 基于对象 209
12.5.2 匹配情境 210
12.5.3 触发行为 212
12.6 测试验证产品的使用场景 213
12.6.1 产品测试要点 213
12.6.2 狐首改版测试验证场景案例 216

第 13 章 团队管理 219
13.1 团队管理工作 219
13.1.1 人才招聘 220
13.1.2 扮演角色 221
13.1.3 管理分权 222
13.1.4 公开激励 222
13.1.5 专业学习 223
13.1.6 自我成长 224
13.1.7 跨部协作 224
13.2 激励点心 225
13.2.1 独立对接项目需求 226
13.2.2 分享互动学习体系 226
13.2.3 工作环境 227
13.2.4 晋升通道 227
13.2.5 企业文化 227
13.3 诊疗团队的疑难杂症 228
13.3.1 伪需求 229
13.3.2 运营需求 232
13.3.3 设计规范 233

附录 设计师独白 238

第 1 章 以用户为中心的设计

◎李伟巍

本章将主要讲述我们应该如何了解用户，开篇以用户需求的层级作为出发点，讲解了如何为用户量体裁衣。通过产品迭代的方法找到精准的用户画像，然后有针对性地采用正确方法对不同用户做差异化引导。伴随着产品不断发展，用户也在不断成长，他们的需求也在不断变化，产品如果跟不上这些变化，结果可能就会被用户淘汰。在本章的最后，还分享了笔者团队在一次做线下调研过程中所收获的丰硕成果。

1.1 用户需求的三个层级

做任何产品都要以用户的实际需求为导向。用户的特定需求真实存在，产品经理通过一些方法从用户那里验证并获取需求，将其转换为产品需求，再通过不断评审和讨论，辗转到交互设计师和视觉设计师手上，最终经过开发工程师开发上线，这时候用户的需求才算是真正落地。

在用户需求向产品需求转变的过程中，虽然产品经理是主要的参与者，但也只能算是需求转换的实施者，而不是塑造者，所以我们说“需求”不是产品经理“意淫”出来的，而是来源于用户的真实需求，用户的需求才是设计的原动力。

要准确把握用户需求，首先应该了解用户需求层级的定义和划分。根据用户需求的迫切程度可以将需求划分为三个层级：痛点型需求、痒点型需求、兴奋点型需求。

用户需求的三个层级

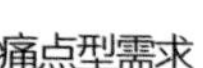

痒点型需求

兴奋点型需求

1.1.1 第一层级：痛点型需求

所谓痛点，就是用户在日常生活中遇到的需要及时解决的棘手问题，具有强烈的紧迫感，如果不解决，就会浑身不自在，而且很痛苦。产品只有帮助用户解决了痛点，才算是解决了用户的刚需。我们来看一些实例。

如早晚上下班高峰，乘客着急赶飞机、火车，在路上半天打不到车，在寒风中冻得瑟瑟发抖，打不到车就可能赶不上行程。这种场景下，打不到车变成了乘客的痛点，使用滴滴出行叫车，几秒钟以后就有专车来接你，还可以在应用上提前预约好时间，等专车到达后再出门。滴滴出行解决了乘客打不到车的痛点。

如逢年过节购买车票，火车站和售票点外面彻夜有人排队，所以逢年过节买不到火车票，就变成了乘客的痛点。自从铁路 12306 客户端产品上线以来，采用实名制在线购票的方式，使乘客可以轻松应对购票难题。12306 解决了乘客买票难的痛点。

经过打车和购票的案例分析，我们总结出痛点型需求的一些共性。

迫切性：用户的问题亟待解决。

阻碍大：用户获取刚需的过程中，存在很大的阻力，可能需要付出很大的代价。

被困扰：用户无法达到目标，身心备受煎熬，感觉极度不爽。

1.1.2　第二层级：痒点型需求

痛点是非解决不可的，痒点就不一定需要。痒点就是用户期望想要做的事情，或期望想要达到的某种目标，但未必一定会实现，属于非必须要解决的需求。我们来看一些实例。

如出门购物，买一件衣服可能要跑很多家商场才能挑选好，这时人早已经累得精疲力尽了。购买不同的东西，还要辗转不同的地方，路上就浪费了太多时间。足不出户就能轻松购物，还能满足购物的欲望，这就是用户的痒点。打开淘宝、京东，随时任性挑选，直接在线下单，还包邮送到家。淘宝、京东解决了用户方便购物的痒点。

如女孩子每个月都被不期而遇的大姨妈折腾，算不清安全期、危险期的时间，不了解自己身体的健康状况，也不好意思问别人。女孩子期望不用跟别人交流就可以知道这些信息，还能满足了解私密的欲望，这就变成了女孩子的痒点。大姨妈、美柚等应用，不仅可以一键获取这些秘密，还可以监测自己的健康情况。大姨妈、美柚这些应用满足了女孩子的痒点。

经过购物和女孩子的案例分析，我们总结出痒点型需求的一些共性。

期望性：用户想要做的事情，想要拥有的东西。

非必须：解决了更好，不解决照常生活，影响不大。

满意度：痒点好比满足温饱奔小康，会增加用户的满意度。

1.1.3　第三层级：兴奋点型需求

痛点是非解决不可，痒点不是必须要解决的，那兴奋点呢？从字面理解好像就是让人产生浓厚的兴趣，其实兴奋点就是用户意外收获了未知的期待。痒点实现了用户期望，兴奋点在解决用户痒点的基础上还超出了用户的预期，使得用户流露出意外的亢奋，就连大脑中的多巴胺也跟着跳动起来，打动人心。让我们来看一些实例。

如我们经常会遇到浏览器半天打不开网页的场景，内心期望有一款浏览器可以解决这样的问题，满足自己畅游互联网的欲望，这其实算是用户的痒点。QQ浏览器不仅解决了用户的痒点，而且界面简洁、侧边栏功能丰富、占用资源极少、运行起来超级流畅，最后还自动屏蔽了广告，在解决用户的痒点之余，还超预期地解决了用户的兴奋点。

如通过社交应用聊天时，很多人喜欢使用语音聊天，因为打字不方便。但语音也有弊端，公共场合听不见，开会时不适合听，而且不好传播，面向对象也比较单一。所以语音转文字就成了用户期望解决的一个痒点。讯飞输入法可以在用户说话的瞬间将语音转换成文字，实时解决用户痒点。而且讯飞的语音转文字功能，不仅能转标准的普通话，还可以转粤语、四川话、河南话等各地方言；同时支持中译英、英译中、中译韩、中译日等国人最常用的外语语种。讯飞语音识别的准确率居然可以达到98%。这些点完全超出了用户的预期，用完之后无不为之感叹，讯飞语音转文字的细节功能解决了用户的兴奋点。

经过QQ浏览器和讯飞输入法的案例分析，我们总结出兴奋点需求的一些共性。

超预期：超出用户的预期，意外收获到的未知。

情感化：用户被其感染，内心被打动，甚至可能会流露出惊讶爱慕的情感。

1.1.4　用户需求的层次

上文对用户需求的三个层级进行了说明和分析，三者呈现出了对产品要求的递进关系。我们用一个综合的事例说明。

如出门在外分不清方向，不知道身在何方，可能已经身处险境，都浑然不知。迫切需要解决，属于痛点型需求。找不到目的地，不停地向附近的人问路，用户通过问路也可以到达目的地，但费时费力，期望有人能直接指条明道，这就变成了痒点型需求。现在的导航应用，打开就可以准确定位，周边的信息也一览无余，痛点就不复存在了。用导航规划好目的地路线，直接到达，痒点需求是不是也就解决了。导航在每个违章拍摄点及时提醒、路况信息实时播报、分叉路口3D全景呈现、智能切换白天/黑夜模式、走错路智能重新规划路线、沿途景点和美食语音实时查询等这些功能是不是都解决了用户的兴奋点型需求？这么多智能化的功能让用户收获到意想不到的惊喜，真是随时都可以来一场说走就走的旅行。用户需求层次在递进升级，但同一个产品却可以同时解决痛点、痒点和兴奋点的多层次需求。

从需求来映射产品，可以清晰地看到，用户需求的变化带来产品需求的不断升级，用户的痛点、痒点、兴奋点对应到产品的需求中，依次可以诠释为用户的基本需求、附加需求、超预期需求，且需求是不断递进升级的。

痛点、痒点、兴奋点的对应关系

美国心理学家亚伯拉罕·马斯洛在 1943 年出版的《人类激励理论》中提出了人类需求从低到高的五个层次：生理需求、安全需求、社交需求、尊重需求和自我实现需求。我们可以把用户需求的三个层次和马斯洛的五个层次关联起来。

- 基本需求就如同生理、安全方面的生存需求，只有先生存下来才能去考虑其他的；
- 附加需求就如同社会、自主方面的归属需求，这些需求使人们可以生活得更好；
- 超预期需求就到了自我实现阶段，追求的是一种精神层面的需求。用户自身所处的阶段在提升，伴随着自身的需求也在发生变化，不断提升。

1.2　如何为用户量体裁衣？

1.2.1　用户、需求、产品的关系

量体裁衣说的就是按照身材尺寸裁剪衣服，常用来比喻做事需要从实际情况出发。这种方式其实属于个性化定制需求，与工厂里大规模批量生产的模式背道而驰，理论上应该发展不起来。但伴随着消费者消费能力的不断升级，很多人愿意花更多的钱来购买这种定制服务，所以同样有市场。

量体裁衣的理念映射到产品设计中，就是为用户定制符合其需求的产品。这里就牵出了关联的三个元素：用户、需求、产品。首先要确定是一个什么样的产品，然后再定位到细分的用户群，弄清楚这部分用户的具体需求，这样才能为其量身打造适合的产品，用产品服务好用户，形成一个完整的闭环。

用户、需求、产品的关系

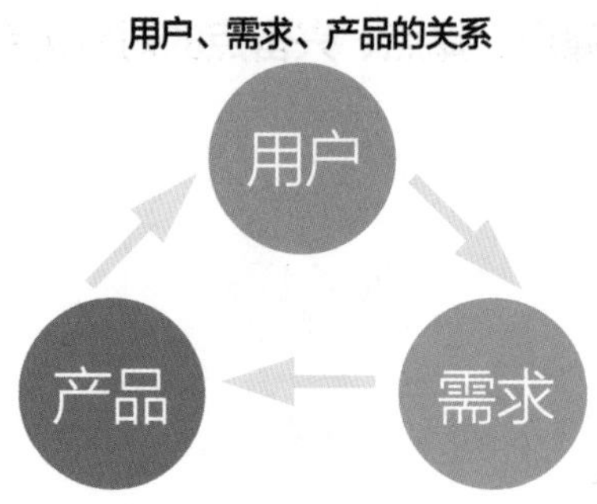

在市场高度分化的今天，没有任何一款产品可以满足所有人的需求。对市场做细分，明确好市场标准，然后再对用户群做细分，定位好用户是谁才能有下文。

针对不同用户群做量体裁衣的产品比比皆是。我们每天都在用的手机，比如苹果手机，各型号的尺寸、内存、外观可能都不一样。这就是面向不同的用户群做了精准化细分。从尺寸配置上，为不同消费能力的用户群体定制了 Plus 版、s 版、普通版、SE 版等机型；从内存大小上，为不同需求的用户群定制了 256G、128G、64G、32G、16G 等规格；从外观色彩上，为不同喜好的用户定制了白、黑、亮黑、粉金、土豪金等样式。这些分类一下子就可以覆盖很多用户群的个性化需求。

苹果手机机型对比

再比如在汽车行业，连续几年保持全球销量第一的车企——丰田汽车，旗下车型非常丰富，基本覆盖了各种需求的用户群。其车型根据有需求人群的消费能力做了精准细分，包括微型车 YARiS L 致炫、紧凑型车卡罗拉、中型车凯美瑞、中大型车皇冠、紧凑型 SUV RAV4 荣放、中型 SUV 汉兰达、大型 SUV 兰德酷路泽、中型 MPV 普瑞维亚、大型 MPV 埃尔法、中型客车柯斯达、新能源车普锐

斯、豪华品牌雷克萨斯旗下车型等。

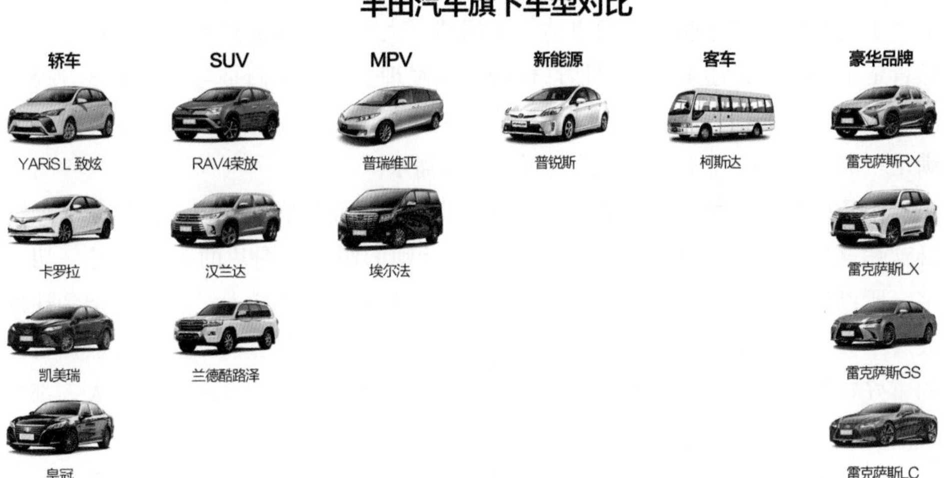

苹果手机也好，丰田汽车也好，都在不断做品牌营销，只要能赢得消费者的认可，总能找到适合的产品。产品对用户群做精准的细分，不仅可以为公司赚取利润，还能满足用户的个性化需求，岂不美哉！这些传统案例触发我们对产品的反思，那么，怎样才能为用户量体裁衣呢？我们从用户的视角总结了一些共性。

1.2.2　没有所有人，只有细分的群体

任何产品，服务对象不可能是所有人，只能服务有需求的群体，因此要对用户群体进行细分。比如火爆的直播产品，主播都是什么样的人呢？比如有点才艺的、长得漂亮的，不可能所有人都能当主播。再比如 Mac 电脑，起初由于价格太贵，只有一些有需求的设计师购买，后来苹果公司不断推出消费级产品，变相降低价格，使得购买的人群也增多起来，苹果公司在不断细分其产品的服务群体，每款产品面向的细分群体都不一样。可见，任何产品都不可能满足所有人的需求，都需要细分到特定的用户群体。

产品经理在提产品需求的时候，开始往往会想得很多，生怕把哪个用户的需求给漏了，按这个思路设计出来的产品往往没有特色，淹没在网络的滚滚潮水中。比如我们有款产品里有积分模块，吸引不少黏性高的用户每天都来签到，可是积分越来越多，却无处兑换。所以我们就收到了大量关于积分的用户反馈。产

品经理收集很多用户反馈，包括要会员卡、购物卡、加油卡、化妆品、四件套、电动车、数码产品、iPhone、红包现金等，层出不穷，产品经理想满足用户的需求，于是开始提交这些清单的申请。不用猜，大家应该能臆测到申请结果了。领导肯定不会同意，还可能会笑话这样的产品经理。最后我们是与一个第三方提供商合作，开发了积分商城这个模块，满足了用户的兑换需求。当然，这肯定只能满足一部分用户的需求，不能满足所有人的需求。

产品在设计过程中争论最多的部分，莫过于界面的展现方式。比如产品经理喜欢用文字将逻辑清晰地列出来；可在设计师的眼中，图片的表达胜过一切文字，所以他们更喜欢用图形来表达；而工程师却喜欢代码之美，越是复杂到让别人看不懂，越能体现其技术难度。可到底该听谁的呢？很显然不能直接根据自己的喜好来做产品，还是要回到产品中去看看服务用户的具体需求，比如人人都是产品经理这样的产品更多是要把逻辑写清晰；Dribbble、Behance 这样的产品，图片流的展现形式可能会更加适合设计师的需求；CSDN 这样的产品，文字流的表达更符合工程师的需求。

细分用户群后，就已经赋予了新的设计标签，产品的定位需要符合这些标签的需求，才能成功为用户提供服务。

1.2.3 接受用户的多面性

多面性往往会被人看作带有贬义色彩，其实我们每个人都有自己的多面性，说的、做的、心里想的可能会大相径庭。通过倾听用户的反馈，整理成产品需求，不断更新迭代，以期许更好地服务于用户，这是产品不断升级的基本策略。这些用户的反馈往往是通过很多不同的渠道收集到的，虽然几个用户可能代表不了大众，但只要有反馈就应该被重视，因为发声的用户毕竟是少数，有的人碰到问题，喜欢直接表达出来；有的人不喜欢说而是做出来，直接卸载；有的人不说不做，深深地埋在心底。这就是差异，没有反馈不代表产品就完美了。

我们不妨对身边的人做个小调研，很多人使用 QQ 聊天，同时也在使用微信、易信、陌陌、探探等社交产品；使用今日头条看新闻，同时也在使用搜狐新闻、果壳精选、UC 头条、MONO 等资讯产品。看到这个结果会不会疑惑，用户居然会有这么多使用同类产品的需求。可用户的实际使用情况告诉我们，很多人都有使用两个以上同类产品的习惯。研究别人，我们何尝不问问自己是怎么做的呢？每个产品都满足了用户不同层面的需求，直观折射出用户需求的多面性。

QQ 是个久经沙场的产品，用户体量超级庞大，用户的好友关系可能都在上面，很多用户的工作和生活都搬到了 QQ 上，用户对其产生了极大的依赖。后来微信诞生了，微信和 QQ 的功能都可以满足用户与好友建立联系的需求，但微信有其差异化的功能点，它发明了一种发红包的功能，也开启了直接语音通话的功能，引爆了整个社交圈，新用户趋之若鹜。还有打免费电话的网易和电信合作的易信、主打陌生人交友聊天的陌陌和探探等。

新闻类产品的需求和聊天类产品的需求如出一辙，都是通过内容、功能点、体验等方面的差异化来满足用户不同的阅读和社交需求。

所以说用户需求有其多面性，产品应该从多维度挖掘用户内心的真实需求。

1.2.4　有的放矢地做好产品设计

有的放矢就是要基于细分的用户群做针对性的设计。可怎么能让产品做到有的放矢的设计呢？首先要找到“的”是什么，一般需要先获取信息再统计分析出结果，这个结果就是我们要找的“的”。然后围绕这个“的”进行产品需求的转化，有了需求就可以做产品设计了，产品设计好后，再通过有需求的用户来验证。这样才是有的放矢地做产品设计。我们将这两个过程合在一起就变成了：获取信息→统计分析→产品设计→用户验证。

1. 获取信息

获取信息就是要尽可能多地获取用户的需求信息。首先寻找公开的信息，如各种资讯、论坛、社交平台、专业领域网站、各种分析报告等，这些信息可以让我们先大概了解市场的规模和特点。然后做用户调查，如在线问卷、线下问卷等，帮助我们找到目标用户的群体特征。还可以做用户访谈，如找一些高质量的目标用户做特定的跟踪访谈，意在获取用户在满足同类需求时所采用的方式。除此之外，还可以找行业专家，如找一些同类产品的从业者做深度访谈，以期许获得一些满足需求的经验。

2. 统计分析

获取到信息后，要怎样统计并分析这些信息呢？这其实是一个很烦琐的工作，因为获取到的信息都是乱的，统计分析就是要梳理出杂乱信息中的共性。首先要细分人群，按照年龄、职业、性别、地域等划分，接着整理需求对应到这些细分人群中的占比，删除一些伪需求和自相矛盾的需求，最后再做横向比对，做一份统计分析报告。

3. 产品设计

统计分析出结果，在产品中才能落实。这些结论不一定全是产品在当前阶段都需要的，产品经理还要结合产品的用户群，提炼出切实可行的产品设计方案，分好优先级转换成产品需求，再细化到产品中的体验设计。

4. 用户验证

产品设计的好与坏，不是由我们自己的感觉来决定的，而是由真实用户的使用感受来评判的，这就是我们俗称的测试。验证产品的测试方法，通常使用灰度测试，通过多维度分析测试数据带来的变化。带来提升的点需要分析，使之下降的点也要分析，不能说数据下降了，用户就没有需求，具体还要结合产品解决用户的问题来考量。

用户验证就是要仔细分析用户的行为和功能设计之间是不是存在偏差。当年“千团大战”的时候，靠前的公司都在砸钱抢占市场，唯独美团在默默地优化自己的整个产品体系，在用户端率先上线了全额无条件退款的功能，商家端率先提供了半自动结账功能，带来市场的效应势如破竹，现在我们已经看到结果了。美团就是在不断验证用户的需求，快速更新迭代产品。

有的放矢做设计的流程

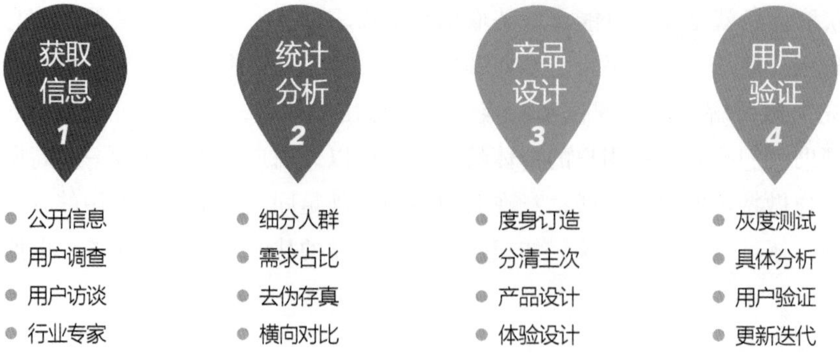

以上我们总结了产品怎样设计才能实现为用户量体裁衣，首先是细分好用户群，确定好为谁服务，然后再从多维度寻找用户群的真实需求，最后再根据这些

需求做有的放矢的设计。产品不断更新迭代就是在为用户量体裁衣，只有合身得体才能赢得用户。

1.3　通过产品数据勾勒用户画像

1.3.1　用户画像的 3 个维度

用户画像是根据产品业务需要，将多维度统计到的用户信息进行聚类整合，从而勾勒出目标用户的群体特性。在产品中被称为“受众定向”，用户画像不仅可以得到精准的用户需求，还能反映出产品存在的问题。这类用户是产品的代言人，围绕这些群体的需求优化产品，产品的问题就更具有针对性。所以，勾勒出用户画像对产品的重要性可想而知。

我们研究用户画像主要依托产品的运营数据，通过用户的基本信息和产品中的网络行为，勾勒出不同群体的用户画像。我们将这种方式划分为递进的三个维度：信息画像、行为画像、分群画像。

信息画像：即用户的基本信息，属于静态数据，包括地域、性别、收入、婚否、家庭、职业、收入、资产、消费水平等。

行为画像：即用户在产品中的网络行为，又叫动态数据，包括用户的浏览习惯、访问时长、使用频次、消费记录、喜欢偏好、行为轨迹等。

分群画像：就是细分用户群体，根据产品业务的需求，将具有共同业务特性的用户贴上标签，聚合标签划分群体画像。

用户画像的三个维度

用户画像
信息画像
行为画像
聚合
聚合
分群画像

在 PC 时代我们主要通过各种渠道把用户引进来，保证 PV/UV 稳步攀升，完成所谓的关键绩效指标，俗称KPI（Key Performance Indicator）。PC端产品很大一部分营收是依靠广告，广告主想要曝光量，只要曝光量达标就万事大吉了，这种赢利模式促使PC端产品义无反顾地经营流量。在业务层面还会看转换率，如一款页游拥有100万用户，有10万人付费购买了增值业务，那转化率就是10%。所以PC端产品的流量和转化率就成了公司和客户双赢的必经之路。至于访问的用户到底是谁，已然变得不重要了。所以，在PC时代没有留存、粘性的概念，至于当下的用户，明天会不会来，根本不是网站关心的重点。

移动时代的来临，彻底打破了这一格局，手机作为终端设备的独立IP站上了历史舞台，统计就更具针对性，变得相对容易，所以统计指标就变成了新增、日活、留存等，这些数据可以清晰地呈现出产品的运行状态，同时也可以反映出用户的需求程度，所以了解用户就可以更精准地优化产品。下面我们通过以上三个维度来寻找用户画像。

1.3.2 建立信息画像

现有数据一般都是通过第三方统计平台获取到的，比如友盟等。对于大公司或者一些保密单位，可能会开发一套自己的监测系统。其实友盟做得还算比较成功，自己开发的不一定会比友盟好用，在友盟上可以清晰地查到新增、日活、启动、留存、渠道、终端等信息。很多互联网产品在初期都会选择友盟来统计信息。先获取用户的基本信息（即静态数据），建立起信息画像的雏形。

获取用户信息的常用方式之一就是引导用户注册和登录。用户的很多基本信息是需要用户注册登录以后，在数据库里才能查到记录的。有些产品必须要用户登录才可以使用，比如社交属性的产品，需要先建立一个自己的角色才能找人互动。也有很多产品是不需要用户登录就可以使用的，比如媒体属性的产品，用户看完内容就可以离开，也没必要设限。站在产品的角度来看，当然是希望用户登录，因为用户登录后才能识别更多的身份信息。识别身份的方式有很多，如Cookie、注册ID、邮箱、微信/微博/QQ等第三方登录、手机号等。这些都能代表用户的身份标识和交际圈，手机号算是目前移动端最为准确的用户标识，但随着用户的注册意愿越来越低，微博/微信/QQ等第三方登录成为越来越多企业的折中选择。

用户选择第三方注册和登录，相对会快一些，用户名、头像、性别、年龄、地域等基本信息可以直接获取到，不用一一填写。用户一旦登录，在平台上的所有行为轨迹都可以与之相匹配，比如你在淘宝上搜索了一辆自行车，你在闲鱼上就会收到二手自行车相关的推送信息。再比如你在头条上浏览教育相关的文章，平台就会为你推送相关的内容。用户登录后就变成一个独立的IP，产品就可以为其推送有针对性的内容。所以产品会想尽办法吸引用户注册登录。

我们以做过的一款分期购车的产品为例，分析用户画像第一个维度——信息画像。分期购车涉及用户下单还是不下单、全款还是分期，线下办理还是线上申请等行为，可能会涉及的核心因素包括：收入水平、消费观念、理财观念、互联网产品的使用水平等。因为涉及贷款，我们会尽可能多地获取用户信息，这样有助于用户在平台上快速下单和后期的审核。但这些信息不能在用户注册的时候就进行选择，否则用户非得被“吓”跑了不可。可以在个人中心做一些激励机制吸引用户填写这些信息，比如签到、认证可增加积分等。我们通过对统计平台和数据库获取到的信息进行归类，可知这些信息在用户群中的占比，具体维度如下图所示。

从图中的基本信息，我们解读到产品最有价值的信息画像是 80 后、主动探索各类互联网产品、有理财观念、收入稳定、喜欢消费、想买车的用户。其他类型的用户，可能还需要时间来成长，可以作为产品后期要发展的潜在主力军。

分期购车产品用户的信息画像

年龄阶段：	学生95后 10%	社会新人90后 25%	工作经验80后 45%	事业上升期70后 15%	退休60后以上 5%
网络观念：	网络交易不安全 10%	能接收互联网产品 45%	受别人影响才接受 35%	主动探索各类产品 10%	
理财观念：	没钱 15%	存银行 20%	买股票 10%	稳定理财 40%	消费 15%
收入水平：	低收入 10%	收支平衡 14%	消费大经济压力大 40%	收入稳定 30%	财务自由 1%
购车意向：	买不起 20%	想看看 20%	想买车 35%	想换车 15%	不想买 10%

1.3.3 绘制行为画像

产品根据市场发展和用户需求的变化不断地更新迭代，在产品迭代中获取关键变量，从而绘制出行为画像。比如产品规划、用户反馈、热点事件、内容策划、活动运营等需求。迭代不单单是产品规划的需求，更是在满足用户的需求。通过迭代产品可以使行为画像变得慢慢清晰，再通过数据来分析，得到更精准的产品需求。

比如我们曾经做过的一款违章查询类产品，每天的新增比较稳定，用户总量还算比较庞大，但用户的使用频次很低，好多用户一个月才来一次。团队就想办法怎样才能提高用户的使用频次。我们发现在北京生活、上班的人们，开车出门前都有查看限行尾号的习惯，于是我们把这个信息嵌入到产品中，上线后用户的使用频次真的有一定提升，我们判断这部分用户应该是“有车一族”。为更好地关联用户的出行需求，我们又在迭代中增加了天气的相关信息，这也为产品数据带来了一部分增长，结合用户访问的时间段，我们判断这部分用户应该属于“上班族”。

违章查询只能查询违章信息，却不能处理违章，是不是有点鸡肋？为此，我们与第三方平台谈成合作，在产品中增加了在线缴纳罚款的功能，上线后用户量直线上升，参与评论和互动的数量也增加了很多。很多人都有去车管所处理违章的经历，基本上都会用半天时间。如果在线就可以缴纳罚款就方便多了，也解决了用户的一个痒点。在平台上下单的这部分用户可能是我们要重点研究的用户，结合后续的电话回访，勾勒出这部分用户的画像，就可以有针对性地迭代产品的需求。

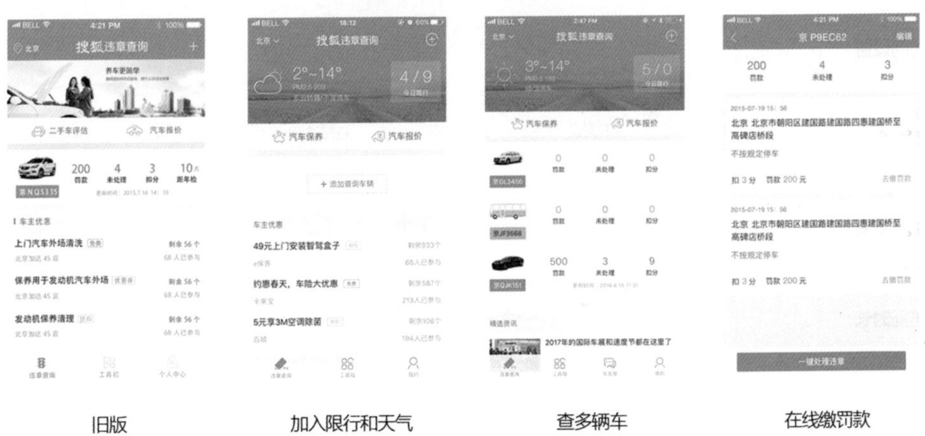

用户在产品中可统计到的网络行为，主要包括使用场景、获取内容、访问路径这三块。使用场景主要是设备终端、网络状况、访问时段等；获取内容是用户在产品中浏览的内容、完成任务、使用工具等；访问路径是用户进入产品到离开的整个行为轨迹。

我们还是以上面分期购车的例子来分析第二个维度——行为画像。获取跟业

务相关的网络行为，再统计数据占比，分几个维度来分析：

分期购车产品用户的行为画像

访问时段：	6-9	9-12	12-18	18-24	0-6
	6%	33%	45%	15%	1%

访问设备：	电脑	iPhone手机	Android手机	Pad平板电脑
	45%	15%	35%	5%

流量来源：	PC渠道	WAP渠道	百度搜索	直接访问	Android应用	iOS应用
	40%	15%	5%	15%	20%	5%

访问页面：	首页	车型	详情	贷款	下单线索
	56.35%	15%	20%	5%	3.65%

访问时长：	5分钟	10分钟	20分钟	30分钟以上
	45%	30%	20%	5%

从上图中我们发现，用户的行为画像集中在 9 ～ 18 点、使用电脑、PC 渠道、访问首页和详情页、平均用时 5 分钟以内。这个行为画像并没有带来转化率，因为下单线索仅占 3.65%，然而这却是产品的命脉。所以想办法提高下单线索转化率才是产品当前阶段需要解决的核心问题。

1.3.4　勾勒分群画像

信息画像和行为画像整理好以后，如何聚合这些信息，贴上标签，勾勒出分群画像，是需要我们想办法解决的。

群体画像会有多个标签组合，不同群体也会有标签的重合，这就需要看标签的权重，权重高的才能体现出不同群体的差异。比如“有车族”和“上班族”两类群体中都有“高学历”的标签，那我们就看“高学历”标签在这两类群体中的比重。如果“高学历”在“有车族”中的比重更高，那我们就把这个标签解读给“有车族”群体。准确的用户画像，在分群画像之间的标签，重合度应该比较小才合理，这样才不会影响分群画像的核心差异。

我们继续以上面的例子来聚合信息绘制第三个维度——分群画像。我们将信息画像和行为画像的数据串联起来。

第一步　尽量合理覆盖每组信息的“极端信息值（每组数据中占比最高或

最低的信息)”，用户画像就是典型用户反映出来的核心特征，这里很容易犯错，因为我们追求的是“极端信息值”，而忘却了还有“合理”两个字。两端的极端值组合出来的如果是背离我们的典型用户，那我们的用户画像肯定以失败告终。因此，合理的连接极端值至关重要，起码保证我们连接的典型用户是真实存在的。

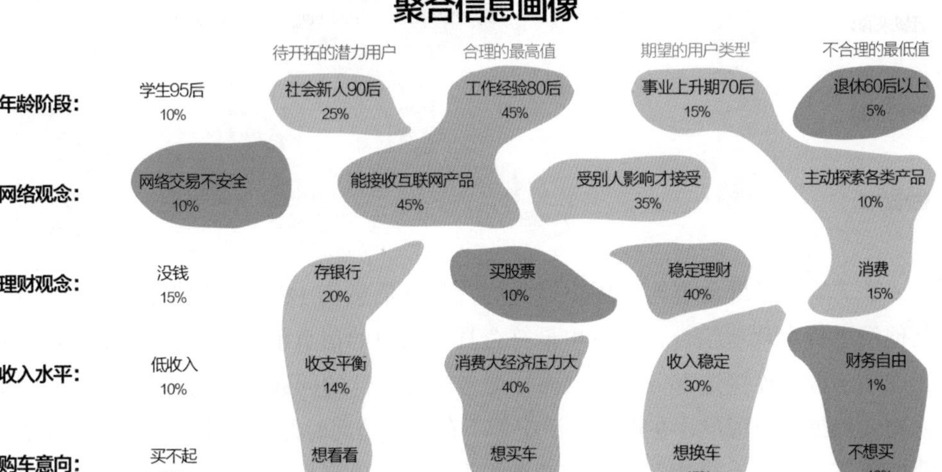

聚合信息画像呈现出的最高值关联信息中，稳定理财但又买车买房，经济压力很大，看似不合乎逻辑，但买房本来就是一种非常稳定的投资，而且这样的用户买车的概率很高，还能接受贷款。在用户群中，90 后占据 25%，这是一批成长中的巨大用户群，需要一段时间的积累就会有需求，可作为产品待开拓的潜力用户。处在事业上升期的用户群一般都走在产业的前沿，消费能力很强，而且收入稳定，所以这部分用户是产品期望的用户类型。不合理最低值的用户年龄都相对比较大，而且不相信网络交易的安全性，怎么会去买股票呢？

聚合行为画像呈现出的最高值关联信息中，流量来源中呈现出了一个 PC 端数据占据近半的现象，这其实反映出两个问题：一是移动端做得不好，二是用户群体多为上班族。所以我们应该着力去优化移动端的产品，积极开拓潜力用户。因为分期购车的用户相对高端，我们认为对应用户群体使用 iPhone 手机的占比会大点，期望这部分用户群体崛起。不合理的极端最低值，是说最小的量不可能带来最大的下单线索，如图中的红色区域。

聚合行为画像

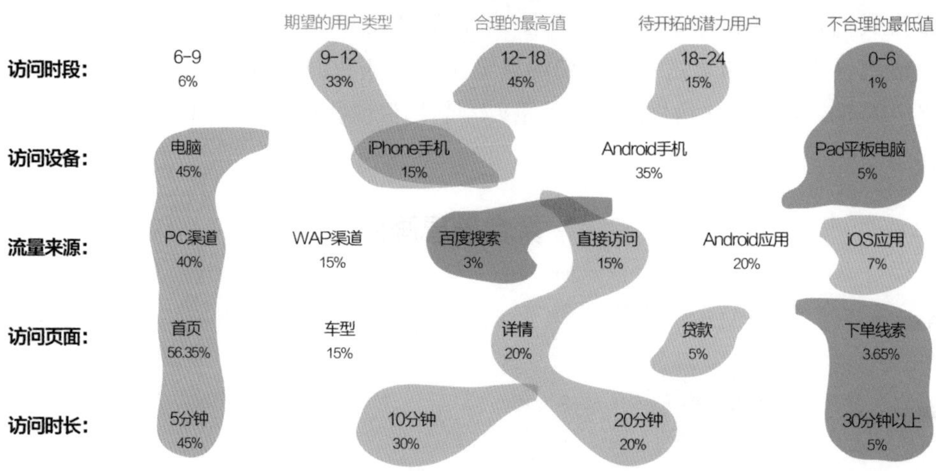

第二步　尽量合理连接用户行为的“集合信息值（将每组数据占比较大的同其他组进行合理地组合，分析出最符合真实用户的信息值）”，即相对来说基数较大的用户群。连接这部分用户，同样要考虑合理性的问题，以防连接一个架空的人物或理想中的用户，在现实生活中并不存在。访问时段体现出用户的工作状态，我们给其贴上“上班族”的标签；访问设备反映出喜好和品味；流量来源反映出体验方式；访问页面反映是否有需求；访问时长反映需要程度；收入水平反映出生活状况和职业；年龄反映出所处的人生阶段；理财观念反映出对财务的观念；互联网观念反映时尚程度。通过这些画像，聚合基数较大的，勾勒出用户画像。

集合信息值组合用户画像

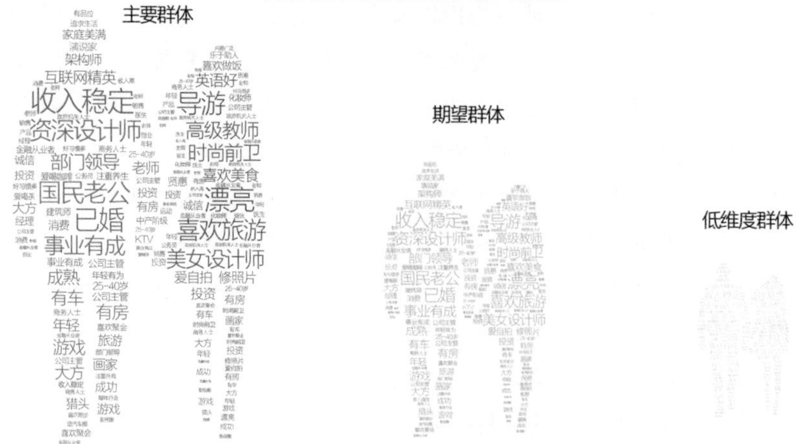

通过勾勒出用户画像，产品需求迭代会更具针对性。但这是我们根据数据分析出来的结果，还不能说明这样的结果就是对的，接下来还需要我们进一步做用户画像的验证。

1.3.5　验证用户画像

前面我们通过理论分析得出的用户画像，但是到底对不对呢？这就需要通过产品上线后的真实数据来反馈，可以通过以下三种方式来验证。

1. 验证真实数据

产品上线后统计各组实时数据，分析是否符合真实用户的画像的预期，再结合一些数据变化有针对性地分析原因。

2. A/B Test

A/B Test 算是互联网最常用的验证方法了，即基于用户画像上线后的产品同当前产品进行对比分析，验证用户画像反馈需求的准确性。对于访问量很大的产品，我们通常会设置 99% 的用户正常访问到原有版本，而保留 1% 的用户被随机切到新版本，集中新旧数据对比变化的幅度来进行分析。比如我们做过的对一个分期购车的产品进行 A/B Test 后得到的数据变化，如下图所示。

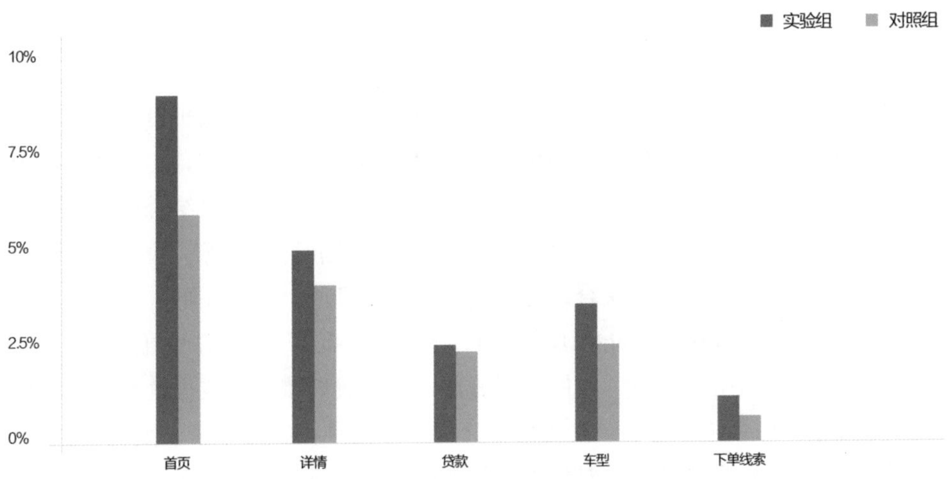

3. 业务数据转化验证

产品可以为企业带来的利润，是衡量产品好坏的关键指标。虽然这属于商业层面的考量，但也要回归到产品层面来落实。主要还是看产品可以为业务带来的转化率，这是企业考核的关键 KPI，如果转化率下降了，可能就是白忙活一场，如果转化率提高了，就可以作为具有说服力的验证结果。我们还用上文列举的分期购车产品中的数据来展示一下，如下图：

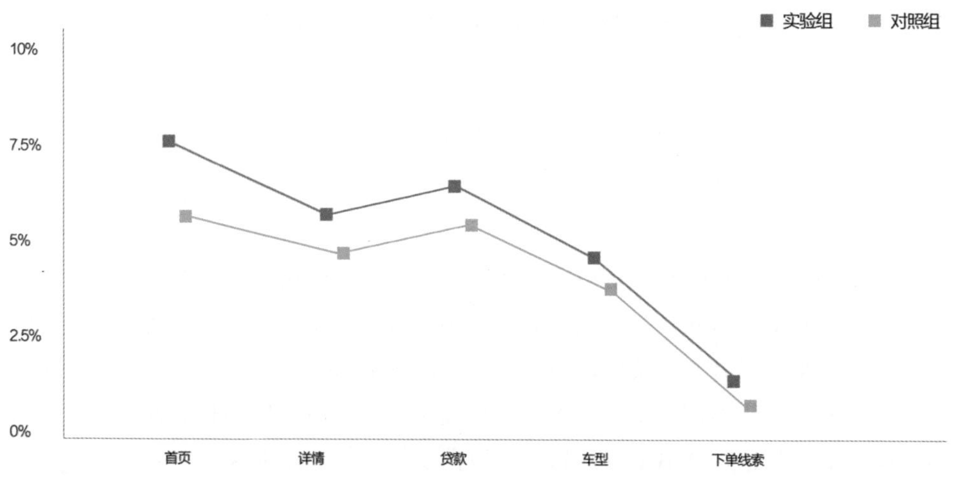

通过不断地迭代验证用户画像，带来用户增长。但产品带来大量新增用户的同时，也会带来产品需求的变化，因为用户本身就是一个变量，产品依然需要不断地迭代更新，才能不断地更新验证用户画像。

上文通过对产品的数据分析找到了用户画像，首先利用产品预设的一些使用逻辑，获取到用户的基本信息，构建用户的信息画像。接着再统计用户在产品中的网络行为，分析出很多差异、交集，获取用户的行为画像。再结合信息画像和行为画像，做理性的统计分析，聚合用户的信息画像和行为画像，聚合信息值组合用户画像，从几个维度来聚合，得到期望的、合理的、待开拓的、不匹配的几组分群画像。最后将这几组分群画像集合，勾勒出产品需要的用户画像。

得到了产品的用户画像，如何辨别真伪，就是我们接下来要做的验证用户画像。验证用户画像主要通过数据变化来分析，首先寻找产品中带来变化的数据，究其因；再通过灰度测试有针对性地分析产品迭代前后的数据变化；最后通过业务数据变化来验证。如果业务线的转化率没能得到很好的提升，那产品在商业价值上的提升，可能就不会达到预期，反之则会带来很大提升，也进一步说明我们更好地解决了用户的需求，验证了我们用户画像的方向是可行的，只有这样我们才算得到了产品的正确用户画像。

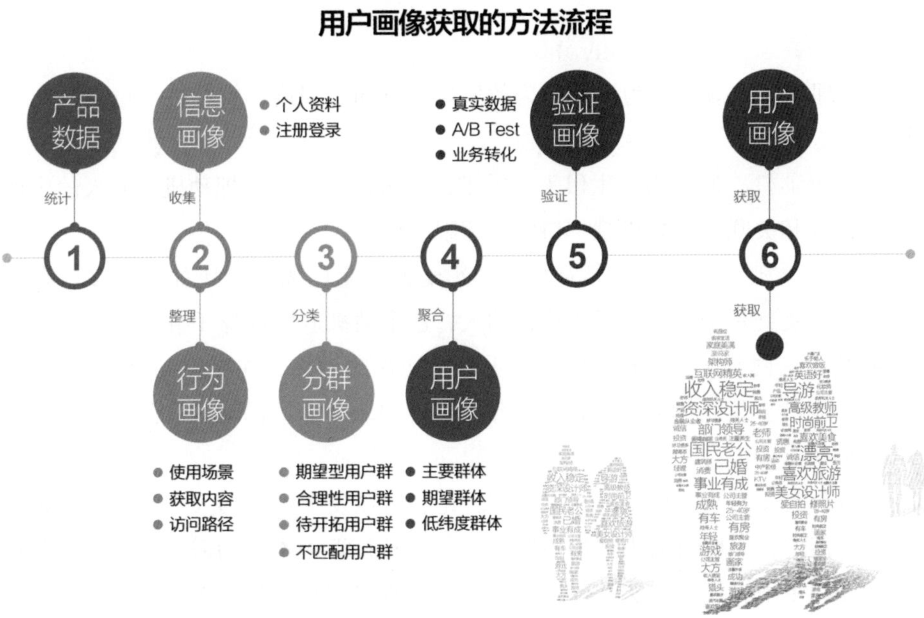

1.4 引导设计降低用户成本

在做产品设计的过程中，逻辑越复杂，用户的学习成本就越高，需要做很多引导设计减小这种成本。比如好多产品在新用户第一次使用的时候，会设计一些新手教程。产品在迭代新功能的时候，会做引导页设计；电商平台在节日促销时，会做多渠道推广设计引导消费者；游戏在推新的装备、英雄的时候，会做各种限时特惠活动，引导玩家购买；公路上会设计各种指示牌，引领旅客到达目的地。

引导是为了可以更高效地完成用户转化，很多产品为达到业务指标到处加引导入口，对用户造成了困扰，后果很严重。接下来我们就来剖析一下如何正确引导用户。

1.4.1 引导行为产生的 3 要素

BJ Fogg 博士在斯坦福大学创建诱导性技术实验室，他带领的几个行为设计学博士生都创业成功，成了富翁。他在 2009 年提出过一个行为设计学的模型，叫作 Fogg’s Behavior Model。简单用公式表达为：B=MAT，他认为一个人的行为产生需要三个要素。

1. 第一要素：动机（Motivation）

在心理学上一般被认为涉及行为的发端、方向、强度和持续性。可以细分为 3 种类型：

- 直接动机：通常指与生俱来的需求，也可以理解为生理动机，同人的生理需要相关联，比如饥饿、口渴、睡眠、性等。
- 间接动机：通常指外界对自身的影响而产生的需求，比如听很多名人演讲，受到感染，也想成为这样的人，这个动机迫使自身开始奋发图强。
- 社会认同 / 拒绝：通常指人天生具有交往的动机，在交往动机的基础上，产生社会认同的需求。比如少年叛逆，更多是做给同龄人看的，希望获得同龄人的崇拜。

再结合上文提及的马斯洛需求层次理论，可以发现不同的人在不同的时刻会有不同的需求，这样就会表现出不同的动机。越接近人本性的需求，动机就会越强烈，好比生理和安全层次的需求，就是人的直接动机。高层次的需求是建立在低层次需求满足之后才产生的，这就是人的间接动机。最后升华到自我实现的层次，就是社会认同 / 拒绝。

2. 第二要素：能力 / 成本（Ability/Simplicity）

这个要素包括 6 个维度：

- 时间成本：用户的时间都很宝贵，耐心也有限。
- 金钱成本：比如成本都是有预算的，不能超出心里接受范围。
- 体力付出：比如折腾身体的运动量太大，用户肯定不买单。
- 脑力付出：比如呈现起来太复杂，表达不清晰，学习成本高。
- 社会压力：比如获得社会认同，动力很大，否则就适得其反。
- 习惯的力量：比如打破了日常习惯，成本是不是很高？

用户最在意的就是成本，只要各方面的成本都很低，这些付出都是在可接受的范围内，而且还有能力完成，那行动的概率肯定可以大大提高。

3. 第三要素：触发因素（Trigger）

触发因素包括 3 个维度：

- 刺激：比如用户没有足够动机，需要用各种方法刺激用户产生动机，品牌广告不就是这样吗？
- 辅助：比如当用户有足够动机，不知道怎么做，帮助用户完成，这就要体现出客服的力量。
- 信号：比如用户既有动机、又知道该怎么做时，就适时给个提醒。

引导行为产品的三要素

1 动机
Motivation
- 直接动机
- 间接动机
- 社会认同/拒绝

2 能力/成本
Ability / Simplicity
- 时间成本
- 金钱成本
- 体力和脑力付出
- 社会压力
- 习惯的力量

3 触发因素
Trigger
- 刺激
- 辅助
- 信号

对于触发行动而言，最后适时使用恰当的提醒，引导转化的指标就完成了。看似非常简单，但实际每天收到的推送又有多少是被我们直接关闭的呢？所以，必须满足以上这三要素才能引导用户触发有效的行动。

1.4.2　引导设计的 3 种类型

BJ Fogg 博士的研究成果，让我们看到引导触发用户行动的必要条件。但在页面上具体怎么设计才能引导用户呢？我们将引导设计分为：提示型引导、新手型引导、视野型引导三种类型，下面具体诠释一下。

1. 提示型引导

提示型引导顾名思义就是设计出各种提示，引导有需求的用户，完成触发行为的转化。比如各种推送消息、提示框、广告短信、品牌广告、指示牌等。这些都是我们经常接触到的，有的广告每天都能看到，却勾不起用户触发的欲望，其根源还是因为没有需求，就是上文 BJ Fogg 博士提到的第一要素——动机。有需求的用户看到广告，可能就会立马行动了。任何引导都需要考虑用户的场景，引导不好就会引起用户的反感，比如用户在静静地看书，却不断有推送过来，此时他会是什么感受？

设计形式：直接用提示框、推消息给用户、醒目色块样式设计、各种弹框设计等。

适用设计：新功能提醒、重要的通知提醒等。

优点：视觉感受非常强烈，很容易被用户感知到，被忽略的概率很小。

缺点：每个用户对产品的熟悉程度不一样，干扰到没有需求的用户，违背了用户的意愿，可能会引起用户的反感，后果很严重。

2. 新手型引导

新手型引导里的关键字是新手，是主要针对新手设计的一种引导模式，指引用户熟悉产品，从而可以正确地体验。工具和游戏类型的产品应用比较多。这类型产品不引导用户怎么操作，对新用户而言，使用成本就会很高，完全搞不懂该怎么操作，这和赶走用户也没什么区别了。

所以说新手型引导设计特别适合新手初期熟悉产品的功能，帮助用户更容易上手相对复杂的产品。这种引导通常不会强制用户一定要操作完，而是给用户一个可以关闭的选项，完全是自愿的形式。比如游戏“王者荣耀”对新用户做的引导教程，熟悉流程的用户可以跳过新手引导的步骤，直接组队开始进入竞技模式。

设计形式：引导页设计、操作步骤引导设计、蒙版遮罩引导设计、积分奖励引导设计等。

适用设计：新手快速熟悉产品体验操作。

优点：诠释的比较清晰，用户的学习成本比较低，容易上手。

缺点：用户的使用率普遍比较低，打开后直接关闭，但也有很多产品把其作为强制性流程，这样会引起用户的反感。还有这种效果通常只能诠释简单的功能，高级功能留给用户自己去摸索。

新手型引导

引导页里介绍新功能

新人进来领红包

介绍功能引导

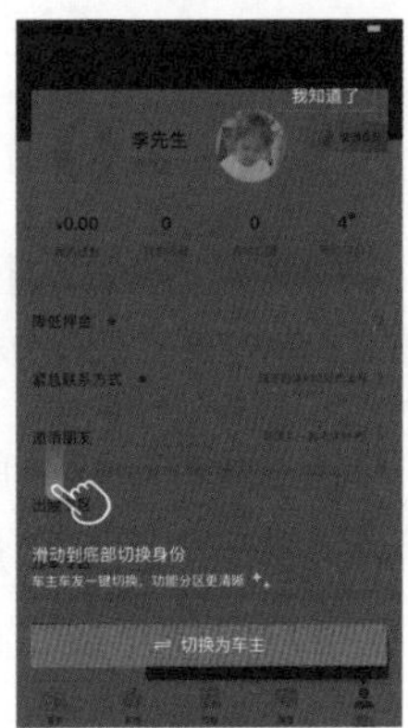

增加新功能

3. 视野型引导

视野指目测到的景观范围，视野型引导其实就是在我们所能看见的范围内，随着体验位置移动而发生变化，在一定程度上可以记录用户的浏览轨迹。产品中的每一个功能都不能适用于所有人，很多用户大部分时间可能都只使用其中的一个小功能。视野型引导通过对用户的行为和意愿进行判断，更加贴合用户个性化的行为特点，如在业内，腾讯的设计以眼动测试而著称。视野型引导可以作为新手型引导后期的一个补充，引导用户使用高级功能。

设计形式：小红点提醒设计、对比层级设计、指向性设计等。

适用设计：消息提示、新入口、深入了解产品的更多功能。

优点：最不伤害用户体验的引导方式，对于小白用户来说也不会混淆。满足高级用户的使用心理，用到更多的高级功能，定制使用的产品。

缺点：这样引导设计偏复杂，各个功能点需要很好地衔接才能呈现出连贯性。有一个很经典的案例，某公园不是先修好路才让游客走，而是先让游客走，再沿着踩出来的路线修路。

视野型引导

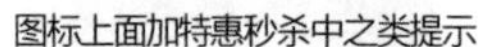

图标上面加特惠秒杀中之类提示　直播功能入口提示　设计分层对比区别功能提示　新功能修改和小红点提示

三种引导设计的优缺点一目了然，具体还要结合我们产品的属性来设计，产品的不同需求可以用不同的引导设计。比如新产品可能需要新手型引导设计，降低用户的使用成本；成熟的产品可能更多要使用视野型引导设计，可以达到事半功倍的效果。

要做好引导设计，首先就要站在用户的角度，思考影响用户行为的三要素：动机、能力、触发因素是否都已经具备。其次才是根据产品的类型及其发展阶段，选择适合的引导设计类型，高效地完成业务指标的转化。

1.5 需求是个变量？

产品有用户使用才能体现其价值，用户使用产品解决需求，两者相互依赖，彼此需要。但时代在变化，科技在进步，满足用户需求的解决方案也越来越多，市场也在发生变化，所以才会有产品的不断迭代升级。

时代赋予了产品时代的特征。比如 PC 盛行的时代，反恐精英 CS 这类射击游戏受到追捧，可智能手机时代，全民出击的“吃鸡”游戏成为主流；再比如以前旅游是先买个城市地图找路线，现在 GPS 定位、移动手机的发展催生了手机导航产品。在时代前行的过程中，我们也看到了“巨星”陨落，无不为之叹息。例如，称霸全球的摩托罗拉、雅虎、诺基亚等，都是没能赶上时代的步伐，而被用户抛弃。用户其实本不知道需要什么样的新产品，只有新产品出现了，用户才知道怎样更好地满足需求。比如我们读书的时候遇到难题只有请教老师或同学，可新时代的学生们，只需要用手机上的题库类产品扫一扫，就可以通过 OCR 技术识别出题目，并得到多种解决方案。

产品进化对比

反恐精英CS

绝地行动全民出击

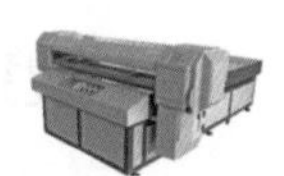

印刷版地图

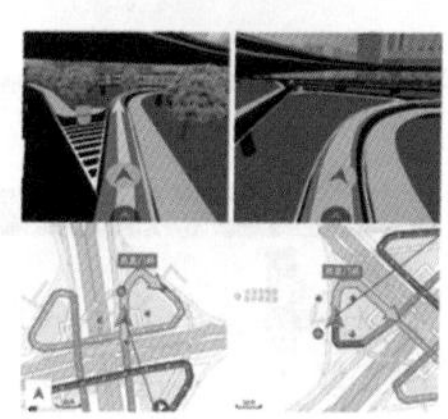

卫星导航地图

1.5.1　搜狐的流量被侵蚀、用户被分流

搜狐在 2008 年北京奥运会期间，成功树立起自己的行业地位，一度成为中国最大的门户网站。每天轻松获取几个亿的流量，收入也很高，这也得益于其媒体属性。五大媒体门户（搜狐、新浪、网易、腾讯、凤凰）应该都还不错，并不只有搜狐的流量这么大。这些流量就好像是白花花的银子，可以为广告主带来很好的曝光度，所以平台更加热衷于做流量。PV 是访问量，UV 是一个独立的用户，一个 UV 可能会带来很多 PV，所以统计 UV 的意义更大。媒体平台通过内容等手段做出很大的流量，广告主一看见流量大，立马开启疯狂“砸钱”模式，这也变成了媒体平台的主要收入来源，业内将这种业务称作媒体模式。

这两年智能手机普及，流量也开始往移动端倾斜，广告主们的推广模式自然也跟着转变，PC 端的媒体模式不吃香了。搜狐发力于移动端，推出搜狐 WAP、搜狐新闻 App，但采用的还是媒体的广告模式，这时候今日头条的个性化推荐资讯已经分走了很多用户。搜狐开始转战内容，主打自媒体人的 UGC 模式。其他的资讯平台都开始注重内容，甚至会给自媒体人大量的广告分成，这样的模式又分走了很多用户。搜狐推出个性化推荐产品——搜狐资讯版 App，想夺回流失的用户。产品能满足用户需求，又能带来极致的用户体验，用户的粘性就会很高，很难再去选择同类的产品。搜狐不单单要把产品和内容做好，还要靠品牌优势才能吸引用户的眼球。马化腾曾经感慨，如果微信不是腾讯的产品，腾讯可能就会很危险了。微信虽然在当下很火爆，但谁也不确定是否会持续火爆下去，也许未来会被某一产品替代。因为时代在进步，新产品层出不穷，用户的需求也会相应发生变化。

1.5.2 产品伴随用户一起成长

还记得那个头条号吗？如今估值已达到100亿美金，今日头条作为一个创办时间不长的新兴互联网公司，估值排名进入中国互联网公司市值前十。很难想象短短几年它可以从一个头条号发展到今天的规模这也不禁让人联想到小米也是先做自己的MIUI，在各大论坛培养粉丝团体，建立参与感的体验文化，一步步发展成今天的小米帝国，这样的案例不胜枚举。

比如脱口秀类节目《罗辑思维》，发展过程是不是也一样？先借助各大平台打造自己的罗辑思维口碑，吸引来大批忠实有粘性的粉丝群体，如今再打造自己的知识分享产品《得到》。短短两年时间估值就已达到70多亿元人民币。这些产品案例都是靠先积累强大的用户群体后发家的。产品伴随用户一起成长，及时响应用户反馈，不断更新迭代，使用户对产品产生共鸣，产生依赖。产品优先主打用户口碑，建立起粉丝社群，伴随用户一起成长，这样的产品会变得超级强大。

1.5.3 “喜新厌旧”就是人性法则

产品为用户解决问题，有的会让用户对其产生依赖，而有的却会让用户淡忘，

依靠粉丝经济成长起来的企业

头条号　　罗辑思维　　MIUI 米柚 MIUI.COM

从一个头条号发展到今日头条

从罗辑思维脱口秀节目发展到得到

从MIUI发展到小米

最终被卸载。人们对任何事物的新鲜感，都会呈现出一条下降曲线。

比如淘宝，成为大家生活不可或缺的一部分，可当京东出来后，有一部分用户开始选择京东。可当天猫上线后，又吸引了一大部分用户。淘宝、京东、天猫在产品形态上的转变给消费者带来的新鲜度也在不断发生变化。但电商产品的新鲜度远没有止步，现在的网易严选、小红书、拼多多等主打不同方向的电商产品，又在不断变为不同消费者的新宠儿。所以“喜新厌旧”是因为用户对产品的需求在发生改变，旧并不代表用户不喜欢，而是因为没有新产品带来的新变化。

不断发展起来主打不同方向的电商

1.6　通过真实调研了解用户

前面介绍了如何站在用户的角度，梳理需求，分好层级，基于产品的运营数据，绘制用户画像，再落实到产品中解决用户的实际问题。这些都是基于数据分析出来的理论基础，相比真实的使用场景还存在偏差。这就是为什么产品用户做到一定量级后，增速放缓，往往会通过做调研来拓宽业务。但用研成本很高，想获取真实有效的用户就更难，所以好多调研成果并不理想，真实有效的调研数据少之又少。如果只通过运营数据来推断，不去倾听真实用户的心声，很难发现产品在用户实际使用过程中存在的问题。

1.6.1 为什么要做调研

我们团队在刚开始接触汽车项目的相关需求时，并没有底气，一味地听取需求方的建议，缺乏自主的思考。甚至整个大团队中都没有几个人买过车，更别说开车了，这么一群人做汽车类的产品，完全是凭设计师自己的感觉在做相关的需求。这样长期下去，设计师就会感到迷茫，失去做产品的信心。做产品需求的时候，如果我们自己都不确定是不是用户所需求的，这样的需求不做也罢。如果认定产品需求是伪需求，完全可以拒绝设计，探讨更好的方案。这是我们想做一次调研的主要原因。

国家在大力倡导新能源车，但技术和配套设施却还不成熟，用户购买的意愿不强，很多有需求的用户都选择观望。我们没买过新能源车，也没开过，在考虑此类产品的需求时，很难获取到用户的需求点。这也迫使我们想知道消费者的真实需求是怎样的。

随着业务线的增速，项目组又提出了一个金融产品的需求，用于贷款买车，我们都知道金融是一个高门槛的行业，大家都在摸着石头过河，更不知道用户的需求点了。

还有二手车相关产品的需求，我们想咨询业内人士，了解二手车市场，可大家的一致回答都是，这个行业很复杂，没几年摸不透。这么多懵懂的需求，没有任何数据做支撑，真的要这么一直做下去吗？最终我们团队准备做一次线下用研，领导非但没有说成本太高，反而鼓励我们以这样的方式去倾听用户的需求。

1.6.2 案例：如何做调研

用研就是对用户的需求进行有针对性地调查研究。用研的方式主要就是线上、线下两种。线上的好处是便捷，成本低，但是收效甚微，而且面向的调研对象不可控，所以结果质量差。线下的好处是真实，调研的对象可控，针对性比较强，效果明显，但是成本偏高，整个流程稍微烦琐一点，所以好多产品在初期不会选择线下方式。

线下调研主要有四个步骤：调研现场→调研执行→数据统计→结果导向。

1. 调研现场

用研的对象是有需求的用户，那么这些人又会在什么场合出现呢？这是首先要确定的。在哪些地方能找到全是对车有需求的人群呢？当时刚好要做广州车展的设计需求。车展不就是再好不过的用研现场吗？参加车展的人都是对车有不同层面需求的人，这样做调研才能有效。所以我们以车展展馆内的公司展台作为调研现场。定好了调研现场就要开始思考怎么做调研了。我们这次调研的目的很明确，就是想解开前面的疑惑，全面了解消费者在贷款买车、服务、二手车、新能源车等方面的需求点，对汽车相关的资讯、视频、论坛等内容的浏览需求；也想借着这次机会和用户进行一次面对面的沟通，了解大众对搜狐品牌的认知程度。

2. 调研执行

用研城市：广州

用研场所：第 14 届广州国际车展展馆内

用研时间：2016.11.19—2016.11.20

参与用研：搜狐 UXD 7 名成员、广州的 10 名大学生

用研对象：参展人群

调研的场地和目的明确后，就该开始落实到执行层面。一般的线下调研都会让用户填一张问卷，其实这样效率很低，而且需要很大的空间来作为活动现场。经过商讨，我们决定在线上用 H5 的形式，做一个非常“轻”的海报问卷，整个体验非常轻松，而且加入了很多微交互，考虑到受访用户的视力问题，字体设置

得也很大。

为了保证调研数据的真实性，我们在设置问题的时候，准备了很多副选项，比如同一组问题放两个截然相反的答案，当用户同时选择两个相反的答案时，这份问卷就算作废。题目中还穿插一些延续性的选题，比如上一道题选择某一个答案时，下一道题就不用作答，如果用户作答了，这份问卷也只能作废。调研的目的是为了更好地做我们的产品。如果调研的答案不真实，那就失去了调研的意义。考虑到现场的用户可能不愿意花时间配合我们调研，所以我们将时间设定为三分钟内完成。

我们第一次做这样的大型调研，可在展台现场参与调研的用户出乎我们的意料，很多用户似乎都很享受这一刻。他们赞赏这么做用研的态度，主动接近我们，还一度出现了排队现象，用户不停地在跟我们互动，询问各种与车相关的问题，充分信任我们的平台，在现场居然有消费者直接登录我们的平台下单。

我们探讨了用户热情高涨的原因，主流观点认为大家都是买票进来参展的，说明其对车有需求，而且大家来参展都有一种游玩的心态，节奏很慢，所以参与调研互动也无妨，还可以得到一些纪念品。还有一种观点认为大家都是冲着纪念品来的，这其实也无可厚非，纪念品本来就是用来吸引用户关注并参与进来，用户付出了时间理应获得一些奖励作为回报。

调研现场

3. 数据统计

总问卷量：成功收集问卷 2250 份。

有效问卷：删除不准确数据后，有效问卷 1488 份。

贷款购车线索：有贷款购车意向的人有 772 位。

二手车线索：能接受二手车线索的有 684 位，带来真实成交量的有 12 位。

新能源线索：能接受新能源车的用户有 351 位。

网站统计：下图是我们平台两天统计到的用研真实数据。

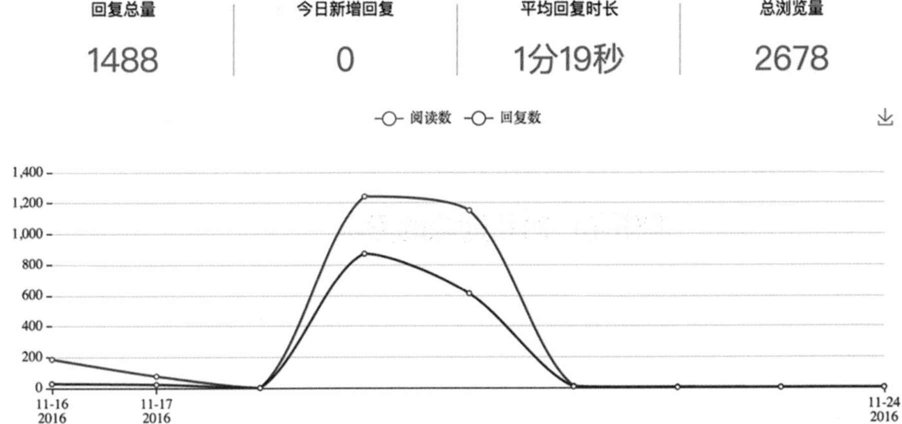

数据有了，但是很分散，没有条理性，所以接下来我们要把这些数据综合起来分析，针对每个产品绘制出可视化的图表。

4. 结果导向

根据这次调研的反馈结果，我们对新车、汽车金融、二手车、新能源、内容平台等产品有了一个全新的认识。脑海里有了一个用户画像的雏形，而且各年龄段对产品的接受程度都存在差异，这样在产品设计的时候就可以做到有的放矢。

比如：金融贷款调研显示了用户接受首付款和月供的范围，在设计方案的时候肯定要考虑用户可能接受的范围，这样成功的概率肯定也会高一点，在体验上也可以优先满足用户最关心的点。

关于二手车市场，通过调研得知用户的接受程度，且对各年龄段可以接受的价格范围也都一清二楚，这对于我们设计产品提出了明确的指导意义。

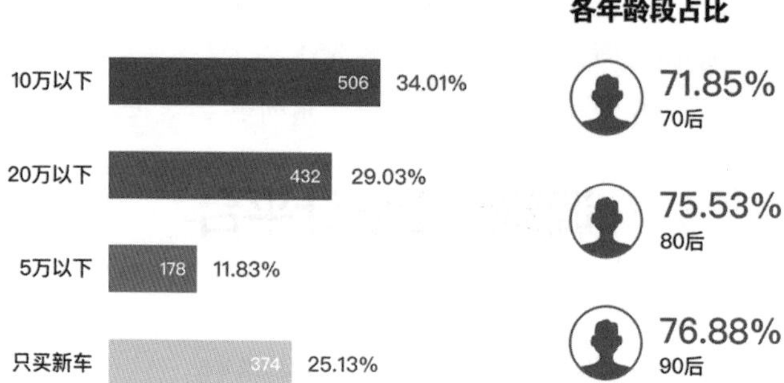

新能源车市场的需求也得到进一步的验证，鉴于现在新能源车还有一些技术上的瓶颈，所以观望的用户还比较多，但用户不抵制，基本上都可以接受，且很看好。因为大家都普遍认为这是发展的趋势，而且国家还会大力提倡。

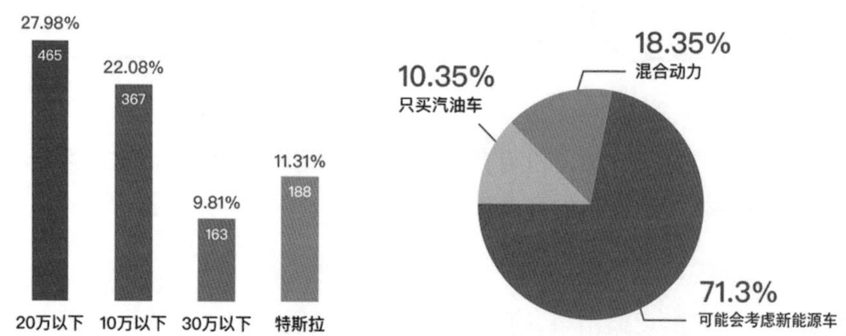

参与调研的用户的年龄段分布、地域分布、移动设备占比等信息都可以帮助我们更好地优化产品的细节。同时我们还借此了解到，地域群体对搜狐品牌的接受程度，达到了传播品牌的效果。评测组经常有编辑说某某车多优秀，某某车多实用，但局外人听到这些好多时候是不理解的。通过调研，可以帮我们更清楚地了解用户对编辑说的哪些内容能理解，哪些可能会略过，以及他们可能更关心的信息。这样的数据无疑会大大提升内容的体验。

我们做车型详情页和车款页的时候，经常会为一些设计细节争论不休，谁都不能说服谁。现在我们知道选车标准了，口碑、性价比等数据就要作为重点设计内容优先呈现给用户。例如，用户喜欢什么样的配置，展示车款的时候，就通过某种方式直观地呈现给用户，产品设计上也通过一些亮点配置的推荐，直观地呈现给用户。

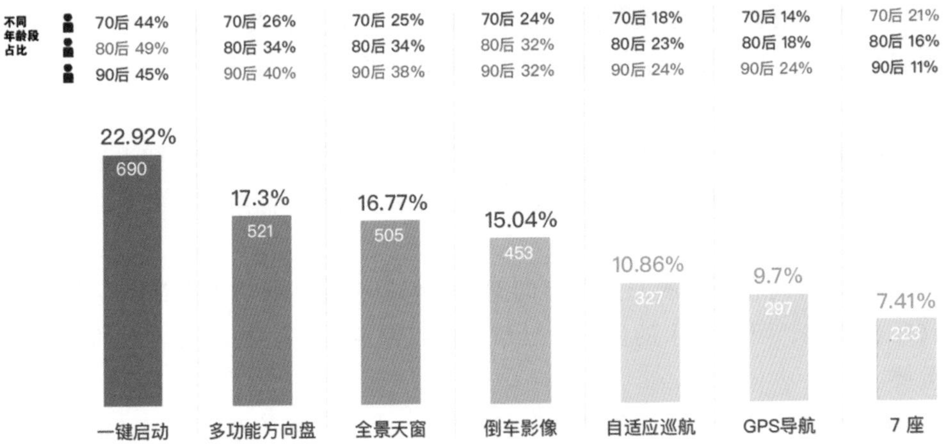

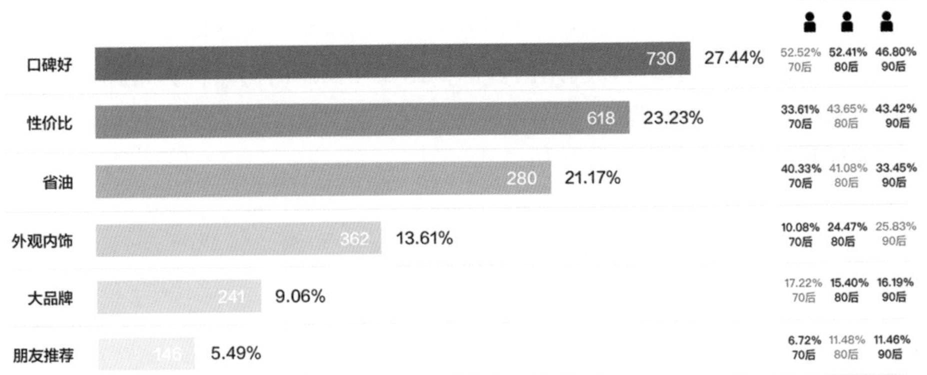

1.6.3　调研中的常见问题和经验总结

经过这次调研，我们开阔了眼界，也受益匪浅。但也遇到了很多问题，准备略显仓促，问题设计也不够完善。调研结束后，我们整理好数据，并对这次调研做了一些总结。

常见问题和经验总结：

1）调研现场慌乱，导致我们调研的秩序被打乱，事先没有考虑清楚。

2）参与调研的人员不熟悉业务，经常会被消费者的问题问住，应该安排相应的业务人员及时给予反馈。

3）问题设置太局限或范围不广，有的问题让消费者很困惑，比如“买不买得起车”，这样的问题让答题者很尴尬。设置问题时应该拓宽业务线的范围，问题本身也要考虑到答题者的感受。

4）有一些年长的消费者不会操作，导致进行不下去，还有一些人最后忘记提交，我们应该准备好为这部分人群解决问题，或在产品中做一些更好的体验提示。

5）调研问卷带来的产品留存问题，我们以前做一些线上调研，次日留存10%都不到，可有需求的用户次日留存能提高到42%，找到有需求的群体很重要。

6）调研可以获取一部分愿意分享和互动的用户，留下联系方式，把这部分用户作为平台后期的资深用户，组建一个群体，请他们优先体验一些产品的测试版，征求他们的建议。

7）调研应该策划一些更新颖的玩法，吸引用户参与进来，我们主要通过介绍的方式让用户来参与，很多用户都回避了，可以组织一些游戏等。

8）现场调研多发动可以利用的资源，比如让调研的用户再去帮你宣传，很多热心的用户认可你的产品，就会帮你做宣传，这样的口碑传播，远比优化产品来得更重要。

第 2 章

有源设计

◎李伟巍

有源设计是让设计有据可依，而不是让设计者天马行空。设计中的点、线、面、色块、交互、动效等每个元素都凝聚着设计师的心血，每一处设计细节都有其依据。有源设计中的“源”就是指设计语言，代表设计师思考的维度，可能是产品需求、框架逻辑、数据分析、用户反馈、设计思想、习惯的力量等，这些都可以是设计语言的基础。

2.1 设计语言的概念

语言是用来对话的，设计语言的价值体现在产品中，就是让产品可以说话，即用户同产品对话。设计语言会在无形中传递给用户成熟的操作方式及整体形象。既然把设计语言称为一种语言，那么它势必要具备语言的特点。我们把它分解为三个层级：设计理念、设计框架、设计表达，在语言中的对应关系分别如下：

（1）设计理念

设计的原则，就是语言中的语法，也是设计中的地基，比如：我们要在设计中打造一种“自然”理念的设计原则。

（2）设计框架

设计的元素，就是语言中的词典，也是沟通的主要工具，比如：控件、列表、布局、导航、排列等。

（3）设计表达

设计的视觉，就是语言的沟通，也是设计展现出来的形象，比如：字体、色彩、间距、栅格、情感等。

设计语言同语言的对应关系

设计理念 —— 语法

比如：打造一种“自然”理念的设计原则

设计框架 —— 词典

比如：控件、列表、布局、导航、排列等

设计表达 —— 沟通

比如：字体、色彩、间距、栅格、情感等

设计语言的三个层级　　语言的三个层级

2.2 设计语言带来的好处

为什么要提出设计语言的概念呢？

设计语言是设计的基础，是为设计的想象力打好一个地基。设计语言的建立，能在设计层面创建一个全面的视角，帮助整个设计团队遵循相同的方法和模式，确保公司平台产品设计的统一。这就是为什么要建立设计语言的概念。

建立好设计语言有什么好处呢？

对企业而言，可以塑造统一的品牌形象、确保产品线的体验设计一致、让对外传播的语言具有互通性。好的设计语言可以直接影响企业的生死存亡，可见其影响力有多大。

比如：无印良品最早的设计语言是提倡节约、朴素、舒适的生活，拒绝盲目的品牌崇拜，直抵生活本质。无印良品的衣物没有标签，不离黑、白、灰、蓝等天然色系，吊牌用未漂白的本色纸片。省略一切过剩装饰，挑战商品的真正价值。这一与众不同的设计语言还原了商品追求自然的本质，以一种日常、低调的姿态根植人心，关心消费者的饮食冷暖，贴近消费者呼吸的节奏，赋予了产品独特的文化。无印良品的资深设计师深泽直人强调，物品的最高境界是追求自然，朴素、简单，还原产品的本质，处处暗示着朴实无华的设计理念。

对设计师而言，统一的设计语言可以创造平台的一致性、系统性，同时效率也会有所提升，还能帮助业务更进一步。从设计层面分析，具体可以带来以下几点好处：

专注：设计师更专注在项目上，不被其他细碎工作所干扰。

清晰：设计师更清楚地思考设计理念，及整个形象的传播思想。

一致：设计师更系统地保持整个产品线的一致性，给用户传递一致的体验。

高效：设计师更高效理解整个产品的设计思路，减少很多不必要的沟通。

比如 Android 5.0 系统引用了 Material Design 全新设计语言，新增了 Ripple 类型的波纹动效，上线后就有用户表示触发控件后呈现出了波纹的动效，却没有进入下一层级交互，是不是应该算是系统的 Bug？ Material Design 设计语言强调根据用户行为突显核心功能，进而为用户提供操作指引。动画效果（简称动效）可以有效地暗示、指引用户。动效的设计要根据用户行为而定，能够改变整体设计的触感。应当在独立的场景呈现，让物体的变化以更连续、更平滑的方式呈现给用户，让用户能够充分知晓所发生的变化。

动效应该是有意义的、合理的，动效的目的是为了吸引用户的注意力，以及维持整个系统的连续性体验。动效反馈需细腻、清爽。转场动效需高效、明晰。所以只要用户触碰了控件，就应该予以触碰后的反馈，不能因为没有事件就不给触发反馈，如果那样的话，用户根本就不知道自己到底有没有完成触发，可能会不断地去触发好多次，很影响用户体验。

Android系统里的Ripple效果

触碰反馈动效

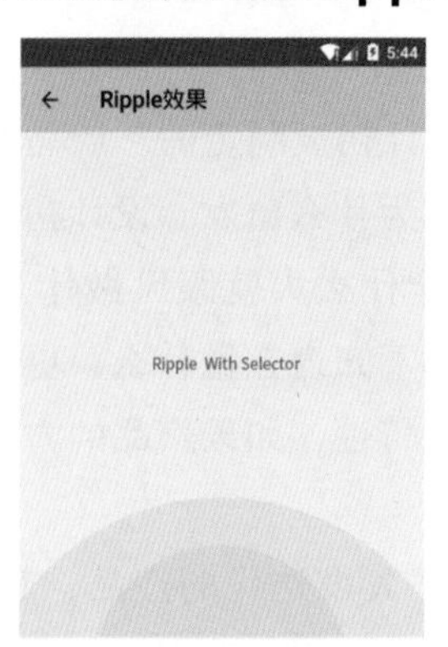

上滑加载反馈动效

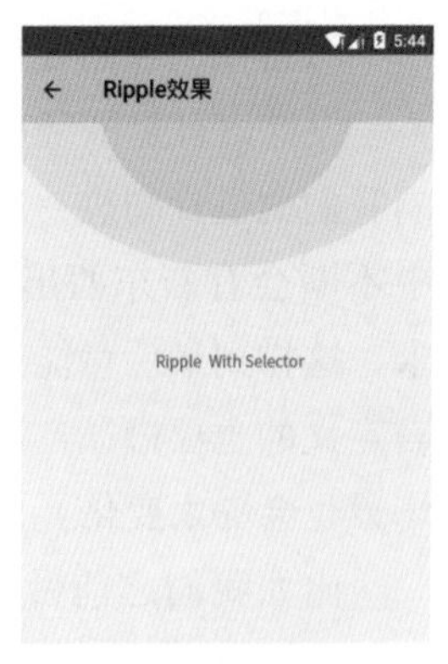

下拉刷新反馈动效

2.3 制定设计语言需要遵循 6 个设计原则

有源设计在信息化时代变得愈发重要，对设计师也提出了更高的要求，设计师的风格不尽相同，每个人都在表达自己的想法，这才使我们眼中的世界丰富多彩。但不能全靠大数据来告诉我们怎么设计，我们应该有一套自己的设计规则，所以有的设计可以打动人心，有的却平淡无奇。那到底怎么做才能有自己的设计语言呢？我们总结了 6 个制定设计语言的设计原则。

1. 遵循用户的真实需求

任何设计都要建立在用户的真实需求之上，我们可以通过多种方式获取用户需求。现在用得比较多的是线下调研、网上问卷、数据分析、场景分析等。当然不可能每次都会有机会去做调研，最直接的方式就是去了解业务，从而来理解整个产品的逻辑。不同领域间的业务逻辑是存在很多相似之处的。转换到设计层面，即都需要先考虑到用户的需求，然后再结合我们自身的经验积累做权衡，这对于喜欢思考的设计师还是比较容易达成的。

我们曾经做一个产品的视觉呈现时，负责人对首页的要求是采用全屏滚动的切换方式，理由是这样显得上档次、酷炫。但从用户需求层面考虑，产品本身就可以一页呈现全部内容，为什么要人为分割出很多块来呢？这不符合我们定义产品“轻”的设计语言。需求方遵循我们的设计语言，最终产品上线后，通过数据统计发现，用户都是通过渠道直接进入详情页，直接访问首页再进入详情页的流量很少，首页存在的意义并不大。所以，设计师如果不是正确地运用设计语言来做设计，可能就要花上几倍的工作量，却得不到成效。

2. 遵循产品的设计初衷

设计语言是围绕产品的设计初衷制定的。产品的发展和外界的改变有时会影响我们的设计初衷，忘记最初为什么出发。设计初衷是产品发展的主旋律，市场中不断会有新东西出来，不能什么火就跟风做什么，不停地改变自己的产品需求，这样到最后可能连自己都不知道在做什么，更何谈用户的忠诚度呢？**设计语言定义的也要遵循产品的某些特性，如果产品的方向都改变了，设计语言的使用场景也会随之变化。**

比如我们之前做过一个好久没迭代的产品，其运营数据一直稳定在一个区间。开评审会的时候，产品经理就想重新定一个方向，最终确定为资讯类型的属性，愣是把一个工具型产品转变成了一个资讯为导向的媒体产品，这就违背了我们设计产品的初衷。产品在特定的阶段可能会摸索前行，但产品本身就有其特定的标签属性，定位于有需求的用户群体，如果我们把这个方向改变了，势必会影响到产品的各方数据。设计语言适合工具型产品的高效，不一定适用阅读场景下的产品。

3. 遵循成熟的用户体验习惯

体验设计是产品设计中最最重要的一环，也已形成了一套标准的设计体系。用户在使用各种产品的过程中，慢慢形成了一套熟悉的体验习惯，这种习惯就是设计语言需要遵循的体验方向。

比如，饮水机、冷热水龙头都是左边为热水，右边为冷水，这已经是形成了国际通用标准的设计，如果某产品特立独行改变这样的习惯，很可能要发生烫伤类的事故。产品可以与众不同，但调整用户已经习惯的体验，结果可想而知了。用户为什么要忍受你的改变而做出体验上的让步呢？我们看到齿轮图标就知道这是设置，看到左箭头就知道这是返回，把这种已经形成观念的视觉体验改为另类一点的设计，势必会给用户带来不必要的困扰。改变体验设计不仅仅是改变用户的习惯，还涉及用户的学习成本。所以设计语言不是要打破用户熟悉的习惯，而是在用户习惯的基础上更加高效。

4. 设计语言的误解

设计语言不是简单学习竞品的设计，将其引用到自己的产品中，还标榜这是自己的创新。我们来举个例子说明这种理解的误区。

比如《刀塔传奇》出来后，游戏的设计风格、交互体验、游戏策略逻辑，被各大游戏公司争相学习。这反倒给玩家带来了福利，玩过刀塔传奇再去玩这些游戏，很容易就上手了。这也使玩家培养了一套熟悉的体验习惯，很多游戏在抄袭这种模式，可是对玩家来说我已经在“刀塔”中发展得很好了，为什么要切换到一个从零开始的类似游戏上呢？这样的话，抄袭的游戏很难能异军突起。**设计语言不是一味地去借鉴，而是在产品中创新，利用好产品间的场景差异，转变为自己在市场竞争中的利器。**比如《王者荣耀》就是以这样的模式出现的，完全形成了自己的设计语言体系。

5. 有选择地接受用户反馈

设计语言的好坏也需要通过用户反馈来评判。产品基本都有用户反馈的入口，这样可以有效地帮助用户解决问题并改进产品中的不足。针对产品类型的不同，可以采用不同的反馈形式。产品开发出的模型基本都要经历压力测试、场景测试、灰度测试等。一遍遍测试都是为了得到用户的反馈，各方都没问题了才会推向市场，同时也是为了验证设计语言的方向。

比如我们在设计搜狐门户网站的大改版时，就采用了 A/B Test 来看数据反馈，反复经历了好几轮迭代。当时 99% 的用户应该都察觉不到，因为我们只随机选择了 1% 的用户，分析这部分用户的数据反馈，这足够帮助我们统计到新版数据可能带来的变化，及时调整设计语言的方向，做出有效的调整和优化。

6. 工作中高效沟通的语言

设计师在很多时候都想把设计思路清楚地传达给他人，但这似乎并不是件很容易的事情。你认为自己的设计意图完全符合用户的需求，别人可能并不这么认为，甚至用自身感受作为用户的感受来举证没有这样的需求，虽然我们可以反驳他不能代表用户，但这样很可能就没法再沟通下去了。

就沟通而言，说不出理由的设计可能是设计者考虑得不够全面，这会让设计师在沟通中缺少底气。这在产品的沟通中是最常见的场景，经常会听到有人问“你为什么要这么设计”，当你的设计意图不能传达出设计语言，将很难得到项目组的认可。试想一下别人可以对你的设计方案提出异议，如果你觉得自己的方案没有问题，那你是不是就要拿出具说服力的举证呢？如果我们的方案经过深思熟虑，如果我们在设计中定好设计语言体系，是不是会让沟通变得更加顺畅呢？可见，设计语言可以让沟通更加高效，变成工作中的产品语言，带动整个工作流程的高效。

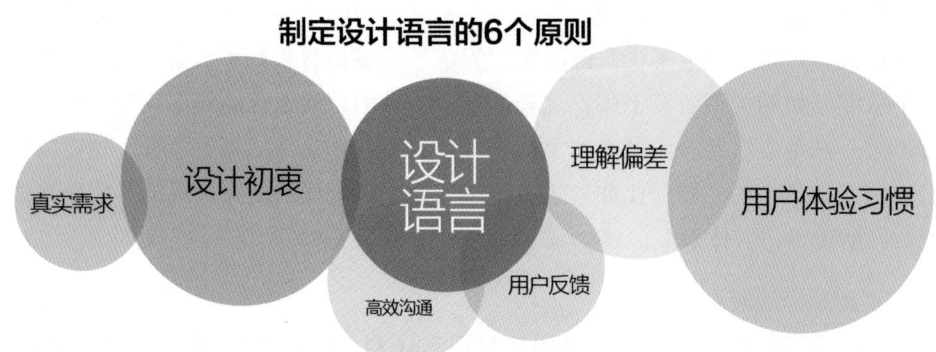

2.4 设计语言推动评审案例

设计评审，就是讨论设计方案的沟通会。对设计师来说可能会有点小压力，因为每个人对设计的理解层次不同，可能会出现吐槽设计作品的现象，这往往是因为他们没理解设计意图。当设计师表达自己的设计思路后，如果还是不能被接受，很有可能是设计真的有问题，需要设计师换位思考，想想大家为什么会觉得不好。很多人可能都不懂设计，不会设计技法，更不可能有针对你的嫌疑，所以这种声音恰恰可能代表部分用户群体的声音，设计问题反映的是设计语言体系的不完善或者压根就没有仔细地思考过。

比如我们有个频道主站的改版项目，涉及的业务部门比较多，所以设计方案需要得到所有业务部门的确认才行。方案经过几轮修改最终出炉，我们召集业务部门来评审。各业务部门的意见众说纷纭：字体太大、颜色太单一、整体太简单、缺乏设计感、没有视觉冲击力、图意表达不清、模块分割不清、没有框线等。设计师听到这些建议后，开始阐述自己的设计理念完全迎合了设计的主流趋势，遵循体现品牌、轻量化、去除装饰、弱化表现等设计原则，在阅读体验上更直接地给用户呈现内容。但这种阐述在评审会上显得徒劳，没有任何成效。

项目负责人并没有反驳别人的观点，而是直接展示了我们线上的设计规范，传达了我们设计遵循的准则，然后与竞品的设计语言进行对比，体现了整个产品线体验设计的统一性，强化了品牌形象的一致性。之后大家好像恍然大悟，只提

频道首页改版的效果图对比

旧版首页效果

2015年改版效果

2017年改版效果

了涉及自身利益的一些问题，而不再纠结设计本身的问题。设计语言胜过诠释若干别人听不懂的专业术语，别人并非设计专业出身，对这套设计理念又怎么会有感觉呢？设计语言就是高效沟通的简单方式，不仅很好地传达了产品的设计理念，还减少了沟通不畅带来的负面影响。

2.5 数据验证设计语言的方向

我们移动端的 WAP 页面，在首屏最重要的区域，每天都能有几百万的流量。想在体验上优化可不是那么容易的事情，因为改变用户的浏览习惯，很可能会得不偿失。首屏的流量很大，可进入筛选入口的流量却并不多，通过筛选入口来找到合适的车型又是用户的刚需，这就需要我们找到一些提高筛选入口流量的方法。

下图黄色界面是旧版的首屏，有个快速找车的入口，产品设计了几种分类区间，用 Tab 的体验形式呈现，依次按品牌、价格、级别、车型四个维度分类。这几个分类对快速找车而言都非常重要，第二、三、四的 Tab 在设计上被弱化，提示性很弱，很容易被用户忽略，所以通过这几个 Tab 找车也就变得没那么快速。

我们梳理产品时发现这非常不符合我们定义的高效为用户解决问题的设计语言，目前的设计显现出了一种违和感，于是想从体验设计上优化一下，更加符合我们设计语言的基调。我们做了如下体验上的优化，将多个 Tab 整合成一个，这样就不需要用户去切换多个 Tab 分类，所有重要的标签一目了然。

数据决定Tab改版前后效果图对比

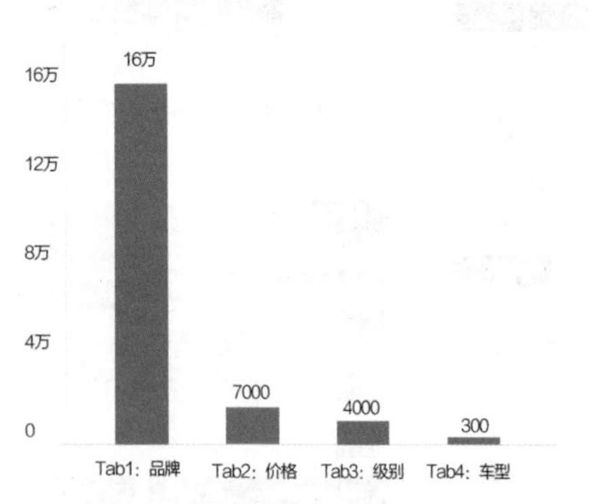

旧版Tab统计某一时段实时数据

旧版首页效果

新版首页效果

我们将新版设计方案（图中蓝色的）拿过去与项目负责人沟通，没想到负责人并不认可这个方案，他认为新设计方案并不能解决之前页面的筛选入口流量小的问题，还认为目前的（黄色版）分类很合理，通过分类呈现很多复杂的选项，化繁为简，很有条理性，并给我们找了一些竞品的例子做举证，说大家都是通过旧版的分类标签的方案来处理很多选项。这样的沟通结果，我想很多人都遭遇过，而且大概率的结果就是要把新方案搁浅了。

突然想起迈克尔·杰克逊在歌曲《Scream》里的一句歌词："You tell me I'm wrong.Then you'd better prove you're right.（你说我是错的，那你最好证明你是对的。)"于是我们就想了一个办法，请技术人员帮忙导出这几个模块某一时段的数据。数据统计显示默认（即第一个）标签访问量16万多，第二个标签就降到了7千多，第三个降到4千多，第四个只有300多，如上图。

看到这样的数据结果，我们确实没想到数据差距这么大，我想目前的设计不符合设计语言的规则，很可能就是导致转化率低的原因之一。这促使我们对设计方案做一次灰度测试，在强有力的数据源举证面前，大家都选择接受我们对设计语言的理解。最终我们将前三块Tab里的标签有选择性地整合到了一起，优化后比对数据发现，转化率提升了近3倍之多。这次利用数据优化了产品体验上的不足，直接验证了我们的设计语言方向的准确性，关键是这种方法可以引领我们更好地做体验设计。我们把这个案例分享出来，希望大家利用数据验证设计语言，而不是简单地通过合理性来解释。

设计任何东西都需要设计师认真地去思考，产品经理给我们需求，也不希望看到我们不假思索地照着UE图去默默做完，这样的设计态度显得很不专业。**整理出设计的思考逻辑、系统性的设计语言显得尤为重要，这是作为优秀设计师的基本职业素养。**

设计语言归根结底就是设计师的"意识"。每设计一步可以多问几个为什么，想想这么设计在用户需求或整个产品策略逻辑上有没有不违和的地方。如果自己都说不出来，那还真得要好好完善一下自己的设计思路。普通设计师与优秀设计师的一个重要区别就在于，后者懂得从"为什么"这个角度拓开思路，当你运用好设计语言的设计原则后，在表现层的设计就水到渠成了。

设计师的成长需要积累，更需要个人的思考和领悟，理解产品的需求逻辑至关重要，独特的体验设计也会影响到产品的整体形象，要学会利用设计语言来提高工作效率。

第 3 章

区分不同载体的设计

◎陈昕冉

回顾互联网的发展史，可以发现承载人们上网的工具在不同时间有着不同的变化。从台式电脑到手机，从 WAP 页到 App 端，随着载体的变化，设计的规范也在不断改变。起初人们用电脑来上网，Web 端的设计载体就是 PC 电脑，设计规范就需要满足 PC 电脑的操作规范。后来手机成为我们生活中不可缺少的一部分，它承载着 WAP 页面，在手机浏览器中为我们呈现精彩的内容。WAP 页就需要按照手机端中浏览器的规范来进行设计。之后 App 改变了大家的生活方式，人们在移动端拥有了更多操作方式，我们的设计也要伴随着交互手势的丰富而做出改变。

3.1 iOS 和 Android 之间的差异

随着智能手机的飞速发展，移动端市场的分化开始逐渐清晰。iOS 和 Android 两大应用系统迅速崛起并瓜分了智能手机市场。然而 iOS 和 Android 两个系统的设计规范也不尽相同，在设计界面时也要进行相应的调整。

作为设计师要看到两大系统之间表面上的差异，还要了解它们在设计中的本质区别，这样才能做出符合用户习惯的设计，满足用户的需求。

Android 的 Material Design 设计规范遵循了物理原则，所有交互都是建立在现实生活的基础上，可以轻松地被用户接受。用户的学习成本相对会低，操作性强。例如在手机屏幕中点击界面元素会伴随着水波纹扩散的动画效果，就像是现实中手指触碰水面一样。这种写实的设计效果在一定程度上可以降低用户的学习成本，同时使产品看上去更加细腻。

安卓系统水波纹扩散交互

NORMAL　FOCUSED　PRESSED

iOS 则在动效处理上本着简洁的原则，认为过于细腻的动画会分散用户的注意力，所以 iOS 的设计更多是聚焦在运用镜头和景深的切换来过渡用户的操作。每当用户从桌面打开一个 App，镜头就会逐渐拉近，而背景则是隐入了一片毛玻璃效果之中，这个交互过程是瞬间性的，所以很少有用户会察觉到。在景深切换的同时还伴随着镜头的切换（从桌面到打开 App 的首页），可以称得上是 iOS 设计风格中的经典案例了。

iOS中打开App时镜头与景深发生变化的过程

Android 和 iOS 系统之间存在的差异会影响我们的设计。在设计中我们需要考虑到不同的系统有不同的体验设计。如果生硬地将 iOS 系统的体验设计应用于 Android 系统中，往往会显得格格不入，还牺牲了 Android 用户的使用体验。我们从以下几个方面归纳了两系统之间的差异，以期许可以抛砖引玉，帮助大家做更好的设计。

3.2 设计风格的差异

1. 阴影的定义

一提起 Material Design，大家应该都不会陌生。在 Material Design 的中文指南中，Material 一词被翻译为“材料”。这个名字刚开始可能会让人一头雾水，没有人知道这种“材料”在真实世界中以哪种状态存在、由哪种物质组成。它是一种为了适合触摸屏而被发现和设计出来的一种新材料，被赋予可以承载信息、交换信息的功能。设计师们发现现实中的纸张更符合 Material Design 中对于“材料”的定义。这使 Material Design 设计风格在最初就遵循了物理世界的原则，在设计中会出现符合现实世界的场景设计，例如界面中的模块会有阴影，像现实世界中所有物品都有影子一样。并且纸张的物理属性也被 Material Design 转移到了屏幕中，衍生出在虚拟世界的纸张控件：卡片 cards 和纸片 chips。

在 Material Design 规范中，软件系统中各种功能是分层级展现在手机屏幕上的。这种形式在规范中被定义为：阶层。即两个 z- 坐标（深度）不同的元素会产生部分重叠，从而形成了阶层。此时两个材料的移动是相互独立的，通过控制界面中元素的 Z 轴数值（阴影的大小）来反映其海拔高度（层级重要性），Z 轴数值越高，元素离界面最底层越远，投影就会越重。如下图 1 为官方设计指南中给出的界面元素层级关系，图 2 为 Z 值的大小样式，Z 值越大，层级越高。图 3 为实例应用中展现给我们的界面，通过阴影来区分元素之间的距离（Z 轴值）。

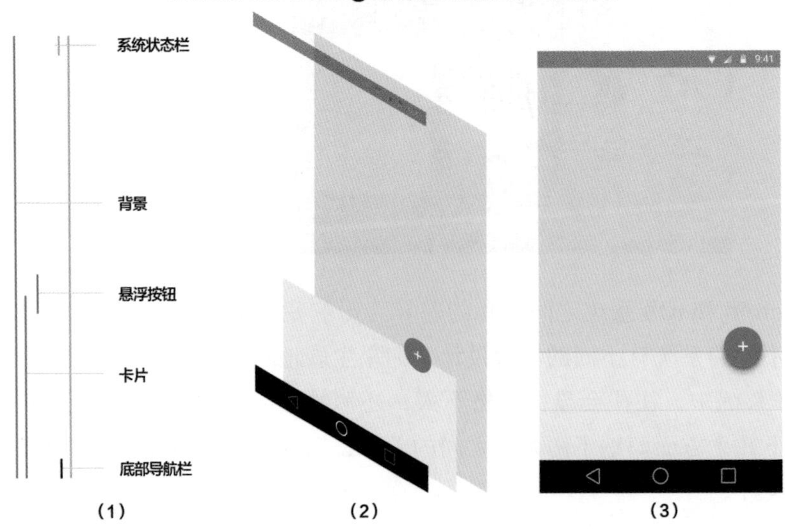

在 iOS 的设计规范中有三大特点使其风格区别于其他平台：清晰（Clarity）、遵从（Deference）和深度（Depth）。其中遵从原则可以简单解释为遵从内容至上原则，所有的设计都是为了来突出内容。设计师们要减少使用边框、渐变、阴影的频率，让界面尽可能地轻量化、扁平化。正因如此，iOS 的设计更适合称为 Flat Design，即扁平化设计。所谓扁平化设计，就是在设计的过程中，去除所有具有三维突出效果风格和属性的元素。这种风格可以让设计更具有现代感，同时可以强有力地突出设计中最为重要的部分：内容和信息。

如果把 Flat Design 的设计用 Material Design 中的概念来表达，我们可以理解为 iOS 中界面更趋向于所有元素的 Z 轴（深度）数值保持统一。必要时设计师可以利用阴影来对某一元素进行突出，但这与 Material Design 设计中的阴影概念并不完全相同，Flat Design 中的阴影更适合被理解为一种设计的表现手法，而非风格。例如受到众多设计师追捧的弥散阴影。

综上所述，我们了解到 Android 系统中 Material Design 设计是遵循物理世界原则的，元素是以材料的形式出现在屏幕中，产生真实世界的投影（三维效果）。不同的元素间会产生重叠，形成层级。

iOS 扁平化（Flat Design）设计不包含所有具有三维突出效果和属性的元素，一切以内容为主导，阴影只是一种设计表现手法，并不是必要存在的。

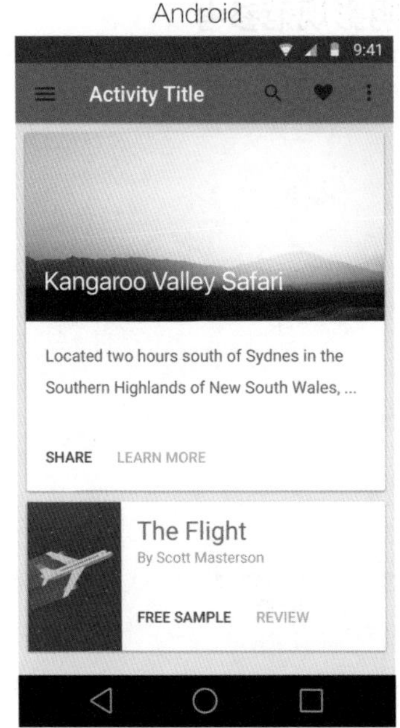

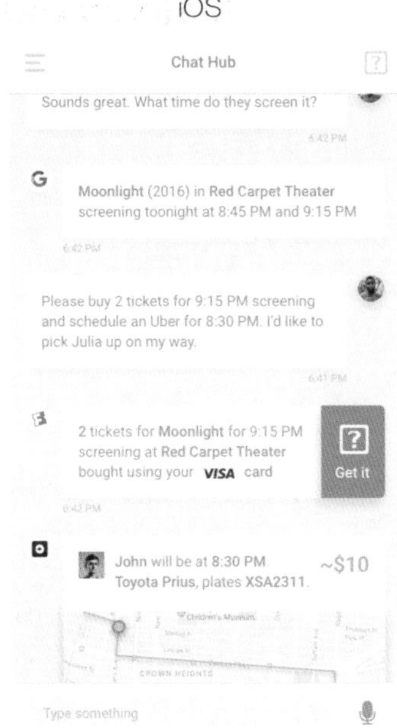

2. 空间的规则

上述我们说到 Material Design 是以“材料”的形式出现的，而材料本身会有一些不可改变的特征和固定的行为。材料在 X 轴和 Y 轴上的长短没有固定，但是有一致的厚度。内容会独立呈现在材料的表面且不超过材料的边界。由于材料是固体的，所以材料之间是不可以相互穿透的。多个材料同时出现在相同位置时，必须要利用阴影来区分材料的层级（如下图）。

正确示例　　错误示例

而在 iOS 设计中，半透明、毛玻璃风格是它最明显的设计特点。在同一个界面中出现不同的元素时，只需要通过叠加一层半透明遮罩或加入毛玻璃风格来传递给用户“层”的概念。这与 Material Design 中给予材料的属性大相径庭。除此之外，在展示内容的区域方面 Material Design 与 iOS 的规定也有所不同，在 iOS 中不会要求内容被限定在“材料”范围中，相反许多设计师会为了突出内容，刻意让信息超出边界以此来吸引到用户注意（如下图）。

Material Design 中的材料遵循物理规律，因此材料之间无法穿透。多个材料同时出现时，必须用阴影来区分材料的层级关系。内容与材料相对独立但内容的范围不能超过材料的边界。

iOS 中设计元素之间可以互相穿透，设计师可以运用半透明遮罩层或者毛玻璃效果的叠加来区分元素之间的层级关系。内容的范围没有限制，必要时还可以为了突出信息，将元素摆放到超出边界的位置，以吸引用户的关注。

3. 颜色的选择

Material Design 有一套自己完整的配色方案。配色灵感来源于大胆色调与柔和环境的对比及阴影与高光的对比，其画板中囊括的基础色的饱和度为 500。高饱和度的颜色能使设计显得更有张力，更具有吸引力。Material Design 也十分鼓励设计师大胆运用对比色来强调界面中的信息和内容。当你还没有决定自己的品牌色时，可以从 Material Design 主要色板中最多挑选三种色调，然后从次要色板中选择一个强调色。

Android设计规范（Material Design）配色参考

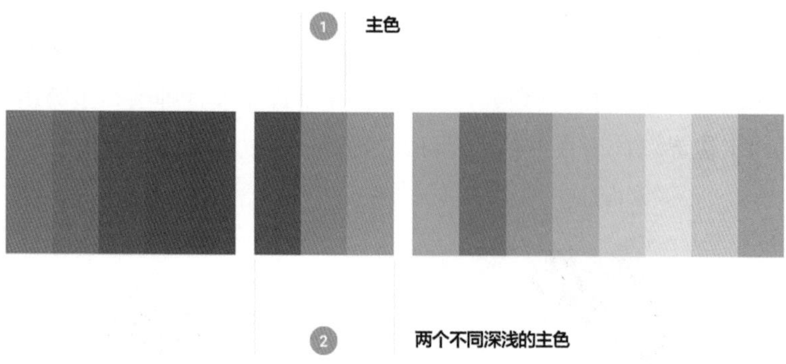

Android设计规范配色应用方案

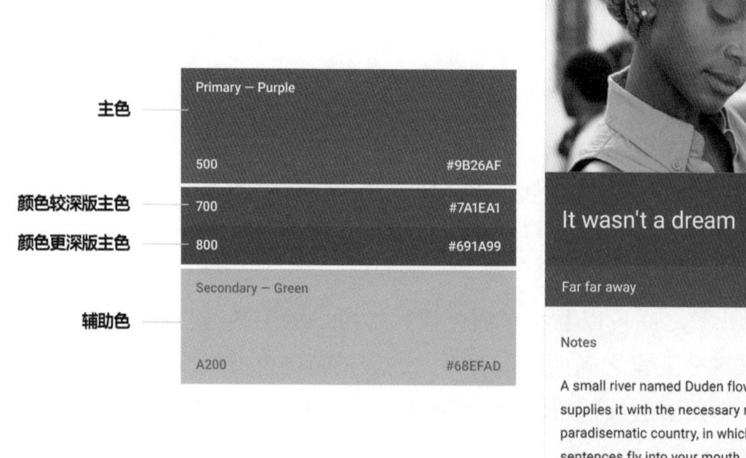

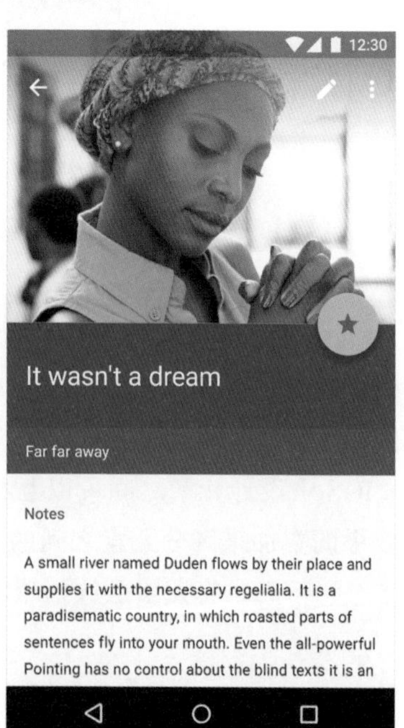

iOS 在设计规范中并没有对颜色有一个明确的定义（这里具体指制定色板），只是把系统的配色公布给设计师们参考，并鼓励大家根据自己的想法指定相应的配色方案（如下图）。

iOS设计指南给出的颜色参考

R 255	R 255	R 255	R 76	R 90	R 0	R 88	R 255
G 29	G 149	G 204	G 217	G 200	G 122	G 86	G 45
B 48	B 0	B 0	B 100	B 250	B 255	B 214	B 85

iOS 虽然希望设计师根据自身产品的性质制定色板，但是它也提醒了设计师要选择舒适细腻的配色方案，即在选择一种主色后，确保其他颜色不会与之发生冲突。如 iOS 系统中自带日历的配色以红色为基准色，每个组件、界面都是红色的，当然界面中就不会出现红色的对比色。

iOS日历的配色

同时在 iOS 设计规范中关于颜色还提及了一点：要关注到色盲用户，避免仅仅使用红绿或者橙蓝等颜色组合来区分两个状态或者值。

iOS关注色盲的设计

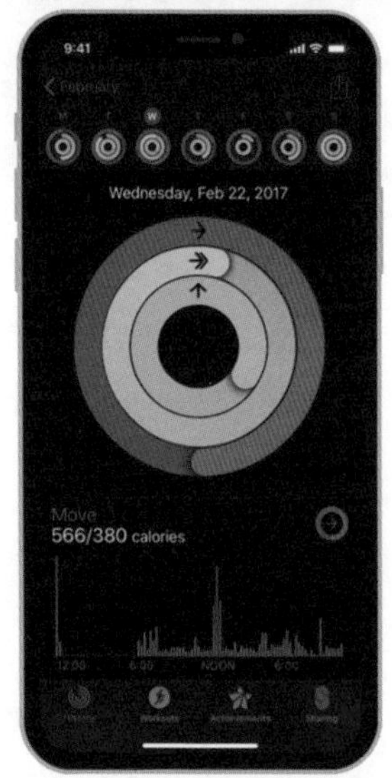

正常视力所看到的界面

视力障碍（色盲）所看到的界面

Material Design 希望通过颜色来强调组件的重要性，尤其是按钮、开关等关键组件。它提倡设计师们大胆运用鲜明的颜色来凸显视觉张力。为此 Material Design 还提供了一系列色板，在你还没有决定好配色方案的时候，Material Design 色板是个不错的选择。

iOS 则没有向大家提供色板，仅仅是提供了系统界面的配色方案，同时鼓励设计师选择符合自身产品风格的配色，为用户展现细致温柔质感的界面。不推荐大量应用对比色来凸显内容。

3.3 控件的 6 个差异

在 iOS 和 Android 的设计指南中都分别单独提到了布局结构及组件的介绍和规范。了解这些内容有助于我们在设计过程中做出更好的决策。

1. 状态栏对比

Android 的状态栏（也成为系统栏）高度为 24dp，信息对齐方式为右对齐，栏内包含了通知图标和系统图标等内容。默认情况下，状态栏的颜色都是在背景颜色的基础上加一层深色的遮罩，但也可以使用界面中其他元素的颜色，或者设计成半透明效果。

Android状态栏的设计

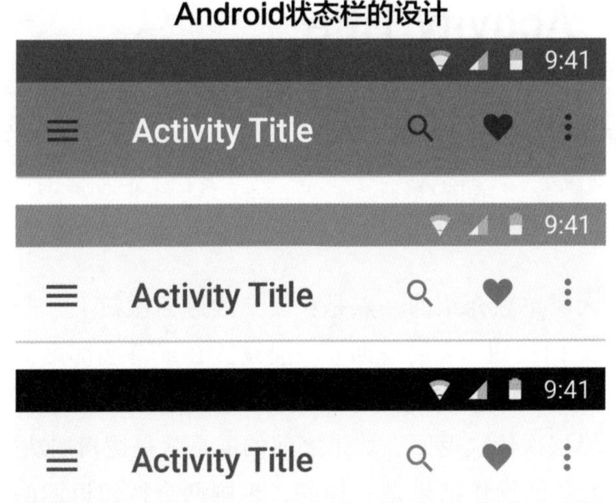

iOS 的状态栏设置在屏幕的上边缘，栏内包含有关设备当前状态的信息，如时间、蜂窝电话、网络状态和电池电量等，状态栏高度为 40px。在默认情况下状态栏的背景为透明色，文本颜色则根据应用程序来调整，通常分为深色和浅色。

iOS状态栏的设计

2. 顶部导航栏对比

在 MD 设计规范中 Android 的顶部导航栏被称为应用栏，是一种特殊的工具栏，主要用来做品牌展示、页面导航、搜索以及其他操作。

左侧的导航图标可以控制导航开启与关闭，当页面不需要导航的时候也可以省略（如下图）。右侧的按钮则是一些与应用相关的操作，例如帮助、设置等。Android 的顶部导航栏默认高度为 56dp，遇到需要扩展内容的情况时，顶部导航栏的高度数值则为默认高度加上内容增量高度的总和。

Android应用栏结构

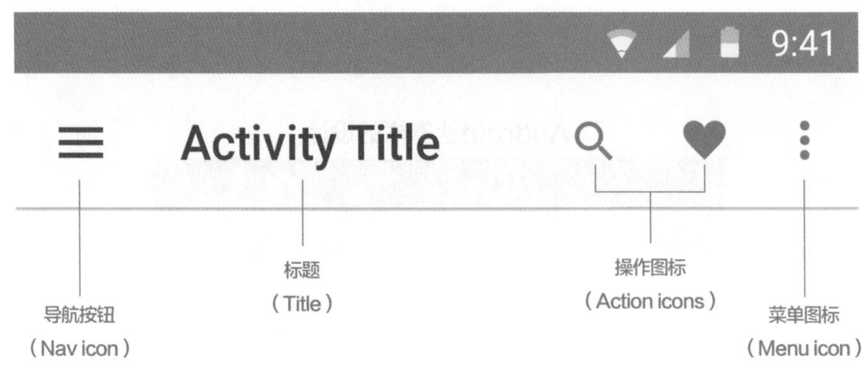

这里需要向大家单独介绍的一点是：安卓的返回按钮（全局返回）和向上按钮是有区别的。返回按钮（全局返回）一般设置在屏幕底部虚拟导航栏的左侧。返回按钮（全局返回）的返回路径是按照用户浏览的顺序来设定的，向上按钮则是按照页面的逻辑层次依次返回。如果之前的屏幕就是逻辑层次的上一层，那么“返回”和“向上”的操作结果是一样的，否则两个按钮返回的页面将会不同。另外，返回按钮（全局返回）可能回到“主屏幕”或者其他的应用，而“向上”按钮回到的界面总是在你的应用中，连续点击向上按钮两次才可以退出应用。

Android的返回设计

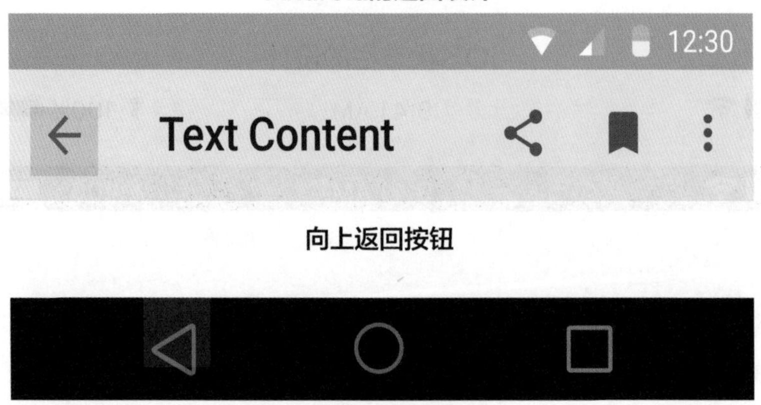

iOS 导航栏的默认高度为 88px，且高度不可变。一般来说，导航栏上应该最多不超过以下三个元素：当前视图的标题、返回按钮和一个针对当前的操作控

件，如编辑按钮、完成按钮等。默认状态下导航栏背景会处理为轻微半透明效果，当应用需要时，导航栏背景也可以填充为纯色、渐变色或者自定义位图。

iOS的导航栏设计

在设计样式方面，Android 的导航栏高度为 56dp，高度可以根据内容变化，iOS 的导航栏高度固定为 88px。两系统在返回键的设计样式上也有所不同。Android 的返回按钮更像是一个箭头，而 iOS 则是用“<”代表了返回箭头。iOS 按照用户浏览历史顺序来进行返回操作，Android 则是根据应用的逻辑层次来进行操作。

在二级页面中，顶部导航栏的样式还会出现以下情况：包含分段控件（Android 以标签形式出现）和搜索框（与搜索栏不同，搜索栏不包含管理当前页面的控件）的样式。

导航栏中的分段控件用来展示应用层级相同的界面，不过 Android 与 iOS 的设计在视觉方面略有差异。

内容排版方面，Android把页面标题放置在导航栏左边，部分Android产品会选择在向上按钮右边放App的logo，强调了品牌的概念，而iOS是将页面标题设置为居中对齐。iOS会在返回按钮旁边显示上一级名称，使用户再点击返回时有明确的心理预期。不过由于用户已经熟悉iOS的操作习惯，市面上现在大部分App已经不显示上一级标题了。

3. 搜索栏对比

搜索这个功能在绝大多数App中都会出现，用户可以通过搜索快速定位应用中的内容。

MD设计规范给出两种搜索样式：固定显示搜索和可展开式搜索。固定显示搜索更加强化了搜索模块，鼓励用户进行点击操作。而可展开式搜索在一定程度上弱化了搜索模块。两种模式的搜索在功能上并无什么差异。

Android搜索栏设计

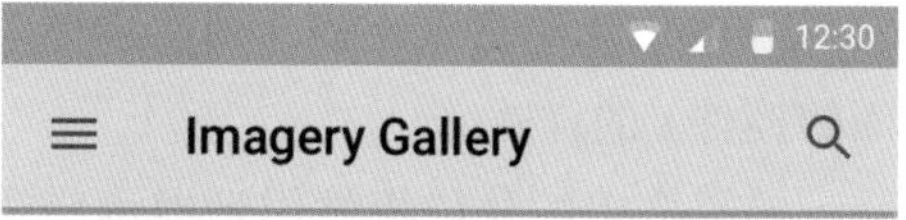

苹果在搜索栏设计上建议包含默认提示词、清除按钮和取消按钮。iOS11规范允许用户通过在搜索栏输入大量字段来进行搜索。搜索栏可以单独显示，也可以嵌入在导航栏或者内容视图中显示。到搜索栏的位置在导航栏中时，搜索栏可以选择被一直固定在视图顶部，以方便用户可以随时访问，也可以折叠，当用户需要时再显示。

iOS搜索栏设计

在应用市场中，很多App会将Android和iOS搜索栏样式融合，在多数搜索需求很高的页面中我们可以见到两个系统都有搜索框被嵌入在顶部导航栏中的情况。这样设计其实是为了便于用户快速操作。笔者认为这是设计师们在思考过程中融合两系统规范得到的结果。所以两个系统在搜索栏的样式选择上并没有一个明确的区分，大家可以酌情选择不同样式的搜索栏。

4. 底部导航栏对比

底部导航栏在 iOS 的系统中通常被设置为全局导航，用户可以点击不同的标签来快速切换模块。在早些时候，因为 Android 底部有物理按键，为了降低用户误操作频率，多数 Android 应用会选择将全局导航放在界面顶部。但是随着屏幕尺寸不断增加，用户单手操作触及到界面顶部的成本越来越高，很多 Android 产品又将全局导航移到了底部。

在 MD 规范中底部导航分为等宽（宽度不可变）和可变两种形式。导航中的文字应简洁，避免出现折行的情况。底部导航数量最少为三个，最多为五个，当导航数量少于三个时，建议改用标签导航的形式。

Android底部导航栏设计

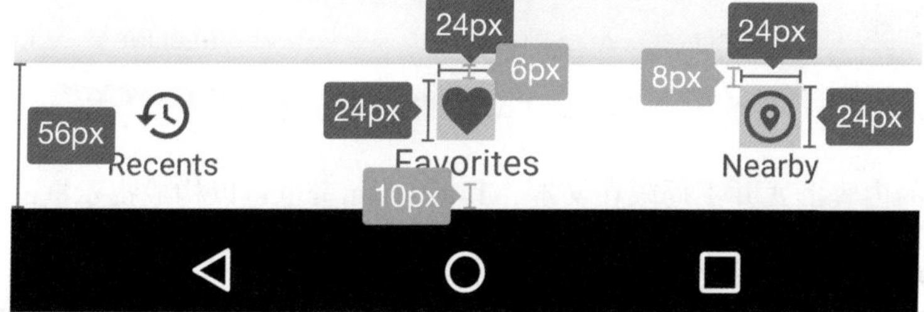

iOS 底部导航与上面 Android 导航在呈现方式上没有太大的区别，但是在 iOS 规范中提出了几点需要注意：

- 当导航栏某个选项不可用时，不要设计为置灰按钮，只需在用户点击不可用选项时，告知用户当前页面为空（即空状态）。
- 导航栏图标应该在视觉上保持一致和平衡。
- iPhone 上最大导航数为 5 个，超过 5 个时，最后一个导航将会以“更多标签”代替。
- iOS 导航栏可以使用肩标来提示信息数量。
- 底部导航栏和工具栏不可同时出现。

iOS底部导航栏设计

5. 弹窗（警告框）对比

弹窗用于提示用户做一些决定，或者给予用户一些额外的信息。在 MD 规范中，一个弹窗包含这三部分：标题、内容和事件。各组件之间的距离如下图。

Android弹出层设计（一）

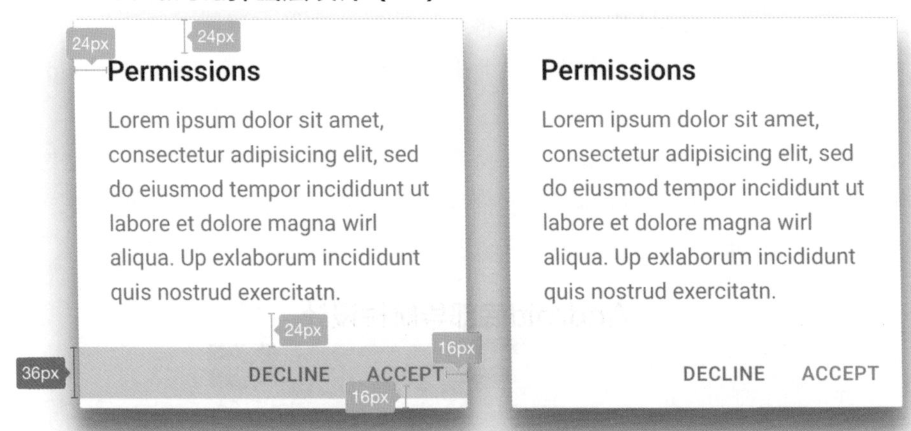

弹窗的内容形式并不局限在文本，其他 UI 元素也可以构成提示框的内容。

Android弹出层设计（二）

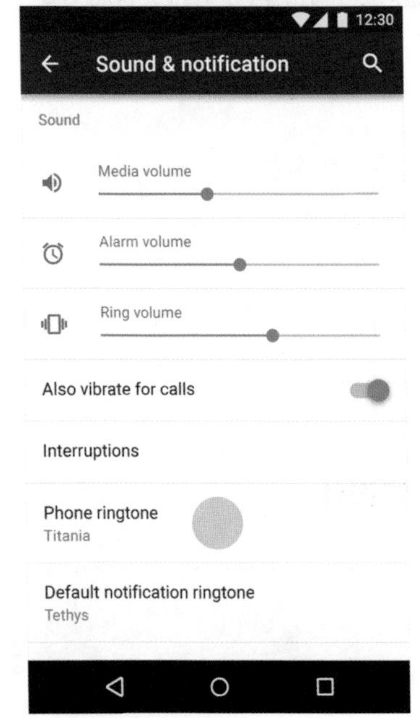

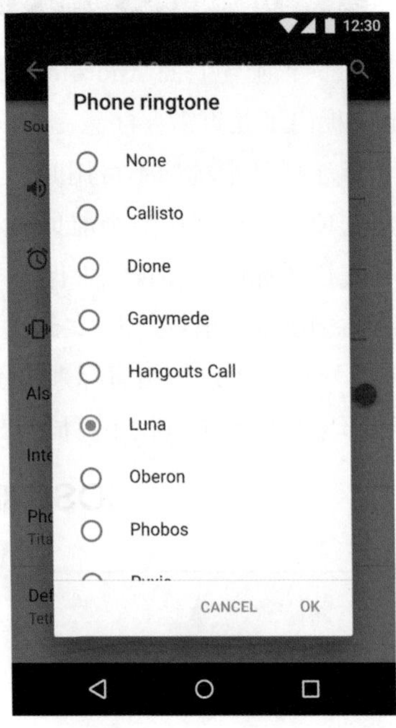

在 iOS 设计规范中，弹窗需要包含标题和按钮，根据用户使用场景可以添加描述信息和输入框。同时苹果强调要尽量减少使用弹窗的频率，这样才可以有效引起用户足够的认识。

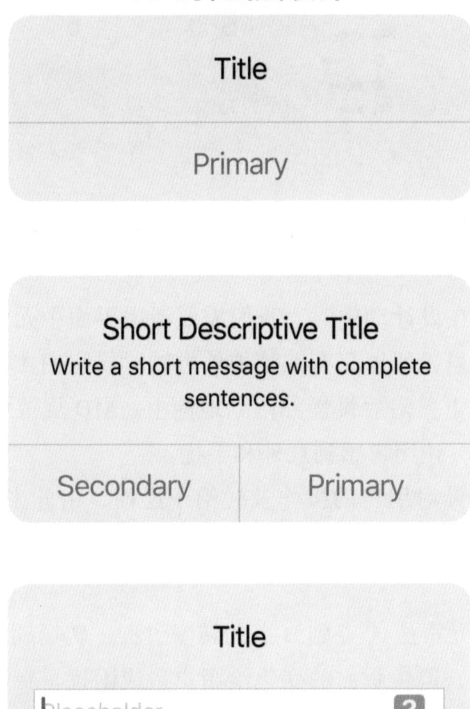

6. 动效对比

优秀产品的共同特点是：帮助用户更好地聚焦到重点信息，理解层级、转场关系。Android 和 iOS 的动效从最根本的模型上来说是截然不同的，Android 的 Material Design 设计规范遵循现实世界的规律，而 iOS 则是将更多动效建立在镜头的移动和景深的变化中。

MD 规范中最经典的动效之一就是水波动效，用户点击列表后界面会泛起“涟漪”作为一个反馈。

Android动效设计　　　　Material Design中动效的展现过程

MD 规范中将交互分为了四类，分别是真实的动作、响应式交互、转场交互和情感化交互设计。

真实的动作就是在设计动效时，我们需要考虑界面中元素的真实特性，真实世界中的物体拥有质量，所以只有在施加外力的时候它们才会移动，例如球掉在地上会不断地弹起落下，最后慢慢停落到地面上。MD 规范中认为动效需要符合自然规律，这样才不会让用户感到意外和干扰。

响应式交互就是针对用户的操作及时给予反馈，由此来提升用户的使用感。表层响应（水波纹效果）、元素响应（点赞效果）、径向响应（改变列表顺序）都是常见的响应式交互。

转场动画即应用元素从 A 点到 B 点的转变过程，转场动画可以在多步操作过程中有效地引导用户，避免版面的变化给用户造成困扰。在建立转场动画的过程中，对于元素的移动需要严格考究，需要在确保动画平滑不脱节的情况下，使信息有层次的展现。

情感化交互设计更多体现在元素的细节上，通过细小图标的动画来吸引用户，启发用户产生共鸣。

由于 iOS 趋于精简，苹果手机没有实体返回键只有一个 home 键，使 iOS 和 Android 在交互设计方面有较大的不同。最明显的差异就是层级返回和编辑选择这两种操作了。

由于只有一个实体 home 键，iOS 的界面中本身是包含返回按钮的，而实体键只负责退出应用。对比 Android 来说，因为机身包含物理返回键和虚拟返回键，所以操作逻辑与 iOS 不同。当界面为应用首页时，点击实体返回键（既上述所提到的全局返回按钮）可以直接退出应用。而虚拟返回键一般是存在于应用中，点击后是返回上一步操作，并不会直接退出应用。关于 Android 的实体返回键和虚拟返回键关系可以用下图表示：

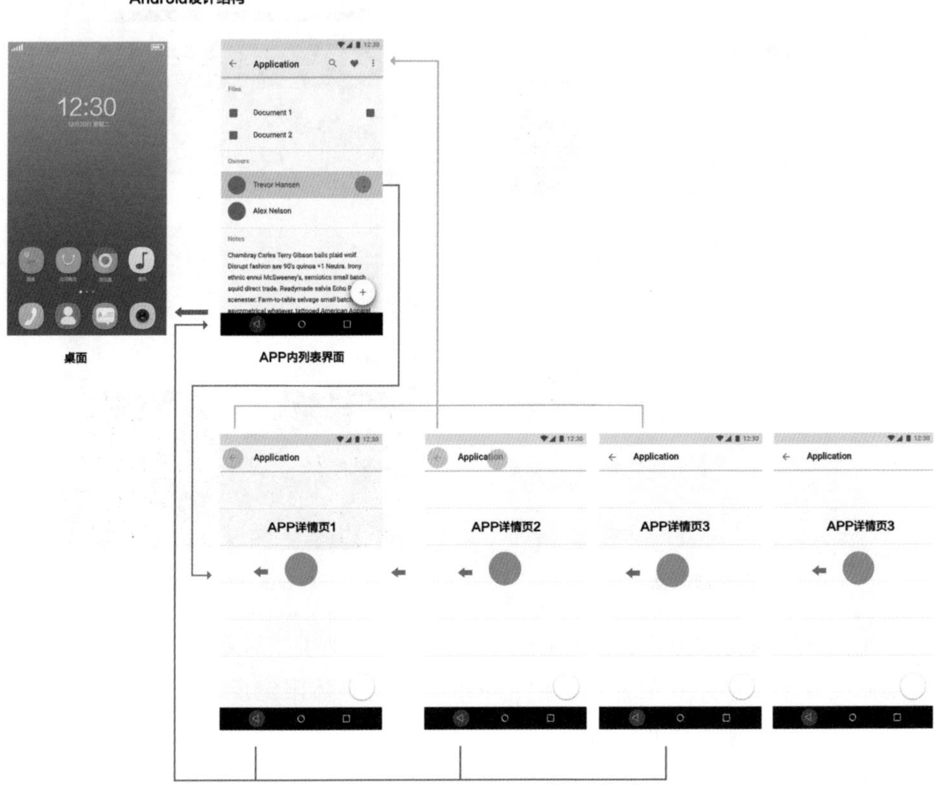

在编辑选择操作方面，iOS 给出了明确的操作入口，一般情况都会将编辑按钮放置在导航栏的右侧，进入编辑模式之后可以多选（点击）或者单选（滑动删除）。但是安卓进入编辑模式是通过手指长按来触发，同时配合工具栏的选项进行编辑。

在触发多任务功能方面，两系统也有所不同。iOS 设定轻按 home 键两次，后台的程序会被挂起，左右滑动可以查看所有后台程序，上滑可以删除后台程序，点击可以进入其中一个应用。Android 的多任务切换方式被赋予在一个虚拟的按键中，轻触两次多任务按键，系统会切换到上一个应用，长按多任务按键，会将当前后台所有应用以分屏方式显示。

iOS和Android多任务设计对比

iOS多任务界面

Android多任务界面

在及时反馈动效方面，iOS 采用了高亮提示，即手指轻触按钮时，按钮会通过明暗变化来反馈用户的操作。但是 iOS 并没有具体限定反馈动效的视觉呈现，大家可以根据自身产品进行调整。

以上为笔者从设计风格、界面元素和交互设计三方面浅析 iOS 与 Android 的平台差异，上述案例多以系统为使用场景来进行对比，熟知 iOS 和 Android 设计规范能让我们在设计时更有根据性，更加得心应手。但用户的使用场景千变万化，设计师在设计时也要考虑融入更多情景，做更加人性化的设计。

3.4 WAP 和 App 之间的差异

根据《中国互联网络发展状况统计报告》显示，截至 2017 年 6 月，中国网民规模达到 7.51 亿，占全球网民总数的五分之一。其中手机网民占 96.3%，各类手机应用的用户群体规模不断扩大，使用场景也越来越丰富。WAP 和 App 都是以移动端作为载体，它们设计上的差异又很细微，很多 App 的开发不会纯粹地用 Native

来开发，而是融入 WAP 页面，这样会便于更好地更新和分享。这是需要根据产品模块需求的差异来定制的，双端的工程师们趋向于用 Native 来开发，因为体验更好。WAP 是寄生于平台之上，融合在 App 中，所以会更多地跟随产品的体验来设计，绝大部分 WAP 页面都是依附在浏览器之中，进而也会受制于浏览器的体验设计。那么 WAP 和 App 之间比较明显的差异都有哪些呢？笔者总结了以下几点：

WAP与App的区别

3.4.1　屏幕尺寸的差异

WAP 页面的内容展示区域更小，浏览器自带的导航条会占据一定的屏幕空间。这时就需要用户频繁的滚动来获取内容。

WAP端的有效界面尺寸

在《贴心设计：打造高可用性的移动产品》中提到：“移动设备的屏幕要小得多。这种如同透过门缝进行的阅读增加了认知的负担。人脑的短期记忆是不稳定的，用户在滚动屏幕的过程中需要临时记忆的信息越多，他们的表现就会越差。”因为 WAP 端的有效屏幕空间确实太小，所以 WAP 页面在视觉方面相比 App 应该更加精简，在图片方面也同样偏向于缩小图片以节省空间，以达到在小空间内尽可能展现更多有用的信息给用户的目标。

下图为淘宝 App 与 WAP 端的截图，我们可以发现 WAP 端浏览器自带的导航栏占据了一定屏幕尺寸，使页面布局在整体上显得更加紧凑。WAP 端的搜索栏高度也比 App 端矮了不少，在内容方面，去掉了“热搜”和“我的频道”模块，省略了下方占用空间较大的双十一活动入口，只保留了顶部滚动 banner。宫格模块中采用了文字 + 产品信息图的模式，与 App 端相比更加简洁。

淘宝App端和WAP端的对比

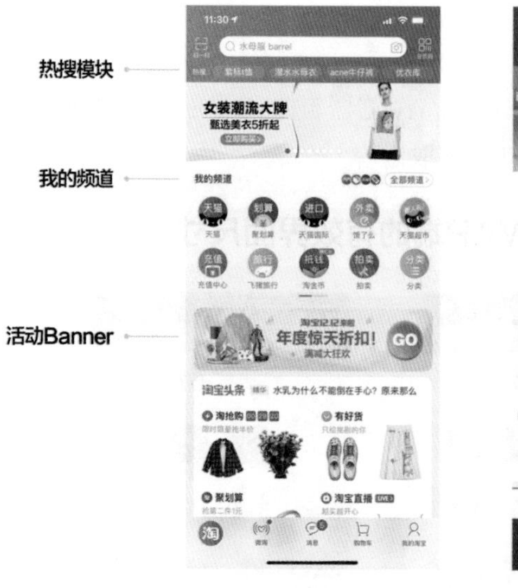

淘宝App端

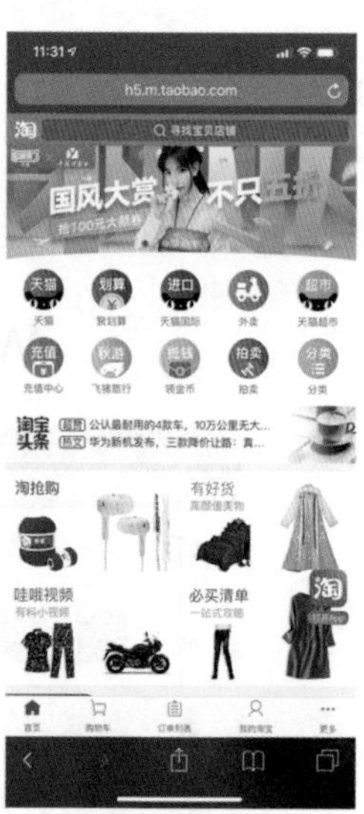

淘宝WAP端

3.4.2　有效操作的设计差异

在浏览 WAP 页面时，应用自带的导航常常不明显。随着用户滑动屏幕，导航就会自动消失。如果照搬 App 的设计，会出现找不到导航的情况，让用户迷失方向，产生困惑。针对有效导航不明显的问题，许多应用会把导航设计为悬浮状态，跟随页面滚动，或者直接将导航固定在顶部栏内部。

WAP端常见导航形式

新浪微博WAP端　　网易新闻WAP端　　大众点评WAP端　　搜狐汽车WAP端

页面中应当尽可能避免除导航以外的信息以 float 浮层的形式出现，否则容易出现与导航叠加的现象，导致界面功能混乱。有时 App 主要交互方式也会以 float 浮层的形式固定在界面右下角。

新浪微博WAP端 – 刷新按钮

另外我们知道，WAP页面依附于浏览器中，且对于网络状态的要求很高，当手机网络不佳的时候，在WAP上的各种操作将会变得延迟和卡顿。频繁的输入、3D特效在WAP页面上都不能给用户带来很好的体验。但是App可以在无网络状态启动，访问本地资源，运行的速度也更快，页面之间可以做到无缝切换，整个流程都非常顺滑。

3.4.3 设计像素的差别

我们使用的手机中80%的分辨率都是以2.0为密度的。设计稿也应该以市场占比高的屏幕尺寸为基准来设计。举几个常见的尺寸：640×960、640×1136、720×1280，在WAP设计时，640×1136是最为合适的尺寸。因为当WAP设计稿设计为常用的750×1334尺寸时，在640×720的屏幕中会导致界面过宽而出现横向滚动条的情况，造成不好的使用体验。而设计成640×1136尺寸时，页面就会全部展现给用户。当我们做App的设计时，就不需要考虑太多关于尺寸的问题，因为App可以根据手机分辨率的大小而改变。所以只要保证在相同密度的情况下，选择一个通用的分辨率尺寸就好。现在基本都是选750×1334作为通用分辨率尺寸。

现在很多App端内会嵌入WAP页面以便更快捷的更新。例如淘宝首页就是以H5的形式生成的WAP页面。一个双十一活动可能需要实现在用户每天打开手机时呈现不同的页面效果，这样一个需求可能需要十几个甚至上百个页面。这时利用WAP端来展现这些页面，迭代会更加便捷、迅速，在App中的WAP页可以做到随时上线，一天更新十几次都没有压力，这样就减少了一定时间和成本。

3.5 WAP和PC的差异

上述讲了App与WAP的区别，接下来我们就来对比WAP与PC的区别。

1. 界面大小差别

众所周知，PC与WAP最明显的区别就是屏幕尺寸。WAP依附在移动端浏览器中，要根据浏览器最初的设计规范来进行界面设计。手机浏览器的设计范围较小，不能承载过多的信息，只能尽可能展示重要、核心的信息，以此给用户留下深刻的印象。而 PC 有着大屏幕的优势，操控范围大，展示内容更加丰富。我们可以看到下图中同样的车型页面在 PC 端和 WAP 端上的对比。PC 端有着大屏的优势，在对比的过程中可以同时进行 8 辆车、多种数据的展示。在移动端，由于屏幕尺寸的限制，一次只能进行两种车辆的对比。为此，设计师将数据分为几个维度分别通过不同的 tab 切换展现给用户。

PC和App车型对比模块

车型对比　车款对比　参数对比　图片对比

车型信息 标配 ● 选配 ○ 无 – 对比设置： 差异项高亮 相同项隐藏	W 沃尔沃 XC60 T5 四驱智远版 删除 >>	D 大众 途岳 280TSI 旗舰版 << 删除 >>	A 奥迪 A4L 45 TFSI quattro 个性运动 << 删除 >>	B 奔驰 GLC级 GLC 260 L 4MATIC 豪华 << 删除 >>	B 宝马 X3 xDrive30i 尊享型 M运动 << 删除
车款信息	沃尔沃亚太 XC60[2019款] T5 四驱智远版	上汽大众 途岳[2019款] 280TSI 旗舰版	一汽奥迪 A4L[2019款] 45 TFSI quattro 个性运动版 国VI	北京奔驰 GLC级[2019款] GLC 260 L 4MATIC 豪华型	华晨宝马 X3[2018款] xDrive30i 尊享型 M运动套装
车辆基本信息					有奖报错
厂商指导价：	42.19万元	20.48万元	36.28万元	43.48万元	56.58万元
4S店最低报价：	35.19万起 询底价	18.08万起 询底价	27.14万起 询底价	39.48万起 询底价	50.58万起 询底价
车厂：	沃尔沃亚太	上海大众	一汽奥迪	北京奔驰	华晨宝马
级别：	中型车	紧凑型车	中型车	中型车	中型车
车体结构：	5门5座SUV	5门5座SUV	4门5座三厢轿车	5门5座SUV	5门5座SUV
长x宽x高(mm)：	4688x1902x1658	4453x1841x1632	4818x1843x1432	4765x1890x1648	4717x1891x1689
发动机：	2.0T 254马力L4	1.4T 150马力L4	2.0T 116马力L4	2.0T 211马力L4	2.0T 343马力L4
变速箱：	8档手自一体	7档DSG	7档双离合	9档手自一体	8档手自一体
动力类型：	汽油机	汽油机	汽油机	汽油机	汽油机
官方最高车速(km/h)：	220	-	239	217	235
工信部油耗(L/100km)(城市/市郊/综合)：	10.2/6.6/7.9	7.3/5.1/5.9	--/--/7.2	9.1/6.2/7.3	9.5/7.1/8.0
官方0–100加速(s)：	6.8	9.1	6.5	7.8	6.8
保养周期：	每10000公里	---	每7500公里	每10000公里	---
保修政策：	整车3年/不限公里	---	整车3年/10万公里	整车3年/不限公里	---

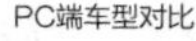

PC端车型对比

App端车型对比

2. 使用场景的差别

当我们需要输入或者接收较多信息的时候，通常会选择 PC 端来进行操作，因为 PC 端可以很轻松地完成步骤烦琐、功能层级深入的操作。而移动端使用场景更加碎片化，加上手机不方便输入大量的信息，内容逻辑偏简单化。所以移动端更加注重用户体验和交互，功能相对也更加精简。

3. 使用习惯的差别

移动端用户习惯了触屏操作，轻触、滑动是使用移动端时常用的手势。在 PC 端我们依靠点击鼠标可以进行操作、跳转。如今 PC 端也在不断发展为触摸屏，今后可能在使用习惯上的差异会逐步减少。

移动交互手势

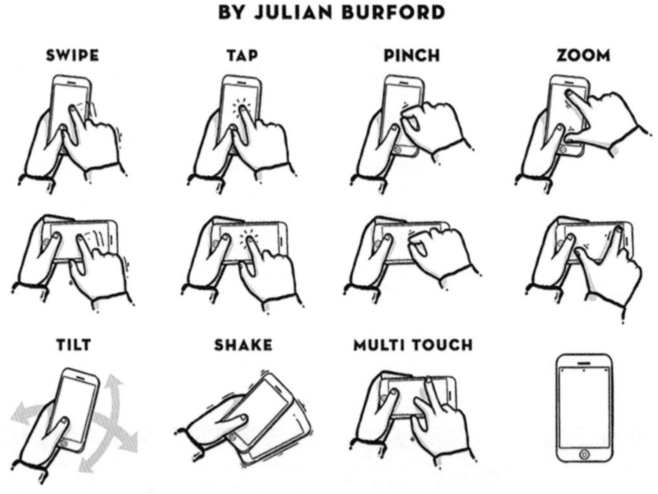

本章总结了不同载体的设计方法及其差异，通常一个产品会衍生出 App、WAP、PC 三端，作为一名合格的设计师，了解这些载体的设计方法可以更快地调整产品在各端展现的形式，将产品打磨得更加细腻。但是关于产品的设计没有一成不变的法则，在设计的时候我们需要针对三端不同的特点，调整设计的侧重点。WAP 端用户使用成本低，不需要安装 App 即可访问，但是这也导致无法留住用户。针对这个问题，我们可以在 WAP 页面增加下载 App 的入口，这样可以留住一些忠实用户。

WAP页面中有关App的下载入口

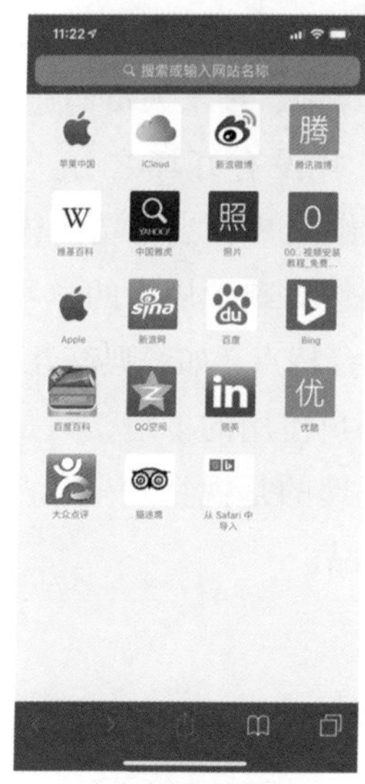

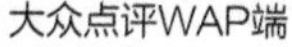
大众点评WAP端

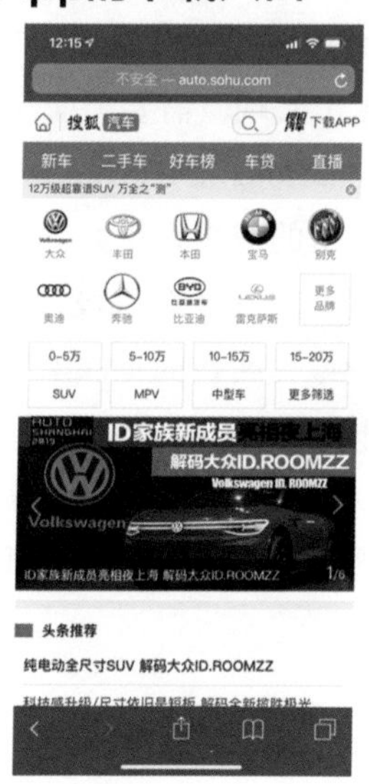

搜狐汽车WAP端

当用户在移动端浏览很长的页面时，我们需要在页面中为用户提供一个快速回到顶部的按钮。在 PC 端这个功能就相对没有那么重要，因为 PC 页面可以容纳更多的内容，而且在操作上，用户可以通过滚动鼠标轻松回到顶部。

WAP端悬浮按钮

新浪微博-登录

新浪微博-刷新

大众点评WAP端

越来越多的 App 中也会嵌入 WAP 页面的设计，但 H5（WAP 页）在进行复杂功能和交互方面给用户的体验不如原生设计好。这时候需要考虑关于 WAP 页面的设计能否在技术上实现，需要提前与产品经理、技术人员沟通。

对于移动端 Android 和 iOS 系统来说，并没有好坏之分。一个精心设计的 MD 风格或 iOS 风格的应用程序，都可以带给用户相当不错的体验。笔者认为平台制定设计规范的意义在于提供设计的一致性，减少用户的学习成本。设计师们应该抓住两种平台最为明显的特性来展现平台特点（如经典交互设计）。在细节部分的设计中，两种风格的融合也不会导致用户使用的不适，只是千万不要被平台规范所限制。作为设计师来说，我们需要考虑的是视觉效果和产品的实用性，以及如何给用户留下深刻的印象来区分其他产品。

4

第 4 章 利用竞品做好设计

◎李伟巍

我们通常会把竞品作为假想敌，这是资本、商业层面的运营模式，但在设计层面，我们更多的是利用竞品探讨体验设计。

从大的层面来讲利用竞品不外乎两种方法：一是全盘复制，二是创新的借鉴。前者的结局一般都不会太好，后者反倒可能会成为颠覆者。落实到执行层面，需要遵循一些正确有效的方法才能利用竞品优化自己的产品。

4.1 竞品的 6 个参考价值

需要利用竞品来帮助我们更好地优化产品，是因为竞品可以带来不同维度的参考价值，所以我们才愿意花精力去做竞品分析。做竞品分析就好比打仗，知己知彼，百战不殆。打仗要做对手分析，日常购物也要做对比，对比价格、品质、口碑，还要看店家的服务。这就是商家之家的竞争，构成我们分析的竞品关系。购物的过程就是一次完整的竞品分析，最后用户都会选择性价比最高的。

转换到产品层面，竞品分析最大的好处是对比，竞品的优点我们要学习，不好的地方我们要规避。另外一个好处就是便于验证和测试。竞品的新版本需求优先上线后，市场的反馈很好，这不就说明用户有这个需求吗？反之，竞品的新版本需求被用户吐槽，那么我们势必要找到问题所在，优化出更符合用户需求的方案。

刚说竞品分析就是对比优势，我们一般会从哪些方面去做对比，显现优劣，从而为我们的产品提供参考价值呢？我们总结了以下 6 个参考价值：

- 体验环境：通过场景体验产品相互间的情感化、友好度、微交互、信息布局、容错机制等。
- 市场状况：包括市场容量、竞争格局、市场占有率等的对比。
- 行业分析：主要指历史变化和发展趋势的分析。
- 需求分析：把自身先打造成为产品的资深用户，去分析产品的需求。
- 商业 / 业务模式：产品中的商业方向和业务模式的对比。
- 运营 / 推广策略：产品的运营规则和推广的一些策略。

竞品的6个参考价值

4.2 “用户体验 5 要素”竞品分析法

在宏观意义上，竞品分析的范围非常广，不同行业有不同的分析方法，比如我们经常听说的 SWOT 分析法（从“优势、劣势、机会、威胁”四个维度进行比较和梳理）、Base+Solution 分析法（将目标用户的需求和解决方案进行对比分析）、四象限分析法、卡诺模型等很多专业的分析方法。这些对我们来说稍显复杂，也不一定适合。

我们主要是分析产品的体验设计，从体验层面出发，利用竞品的方法就只有“用户体验 5 要素分析法”了。这 5 个要素分拆了体验产品的细节，是系统分析产品体验对比的好方法。用户体验 5 要素分析法主要包括以下 5 个层面：

用户体验5要素分析法

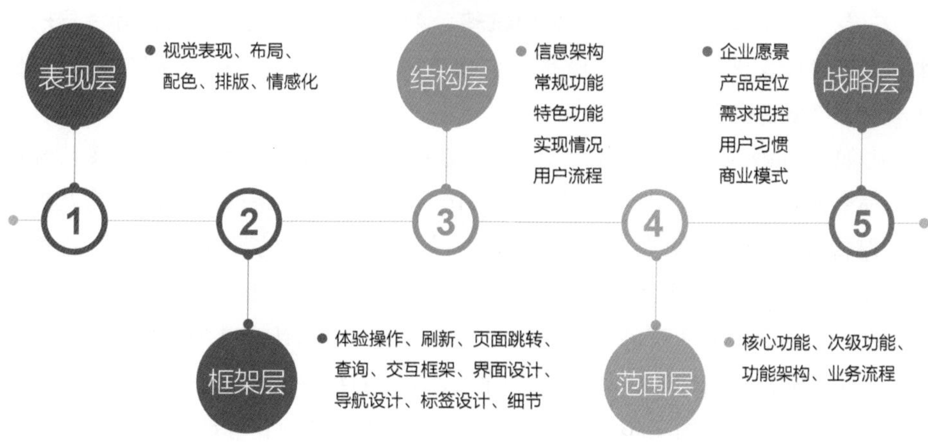

1. 表现层

主要包括视觉表现、布局、配色、排版、情感化等，这是我们最熟悉也是最容易看到的模块，可见其重要程度。

比如，2009 年红遍大江南北的开心网，成为办公一族集体互动最强的社交游戏。为了避免上班族集体沉迷于偷菜、抢车位、买房子、开心餐厅等游戏中，很多公司一度屏蔽了开心网，可见其影响力有多大。开心网植入的广告“悦活种植大赛”，促使“悦活”线下实际销量直接增长了 30%，创下了中国 SNS 营销的最佳纪录。这么一款全民游戏，必然会受到各界资本的关注。千橡集团也推出了一个一模一样的开心网（kaixin.com），基本就是完全复制程炳浩的开心网（kaixin001.com），名字也一模一样。千橡集团的开心网在域名上占据了先机，居然看起来更像是正规军。因为这个双方还打起了官司，最后的结局大家都知道了，这就是典型的直接从表现层完全复制竞品的案例。[⊖]

真假开心网抄袭引发官司

开心网域名kaixin001

千橡版开心网夺走了kaixin域名

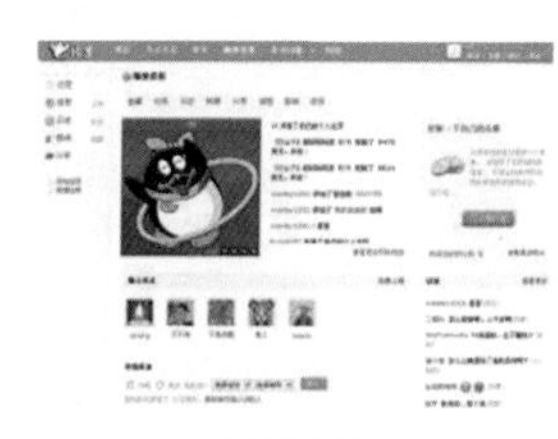

千橡开心网

⊖ 摘自腾讯科技专题：https://tech.qq.com/zt/2009/zjkaixin/index.htm。

2. 框架层

主要包括体验操作、刷新、页面跳转、查询、交互框架、界面设计、导航设计、标签设计、细节点等，这就是我们比较常见的设计规范统一所形成的效果。有一种设计语言贯穿始终。

比如，Android 系统提出的 Material Design 设计规范，所有基于该系统的产品都要延续设计规范的统一性，其操作、刷新、页面跳转、查询、交互框架都要保持体验上的一致性。比如其导航栏（nav）尺寸的设计规格：手机横屏（Landscape)，48dp ；手机竖屏（Portrait)，56dp ；平板电脑 / 电脑桌面（Tablet/ Desktop)，64dp ；对于拉高了的选单，它的高度等于默认高度加上内容高度。只要是基于 Android 系统的产品都要遵循框架层体验统一的原则，才符合平台的设计规范，这个系统上的竞品在框架层就有了一个统一的对比标准。

Android系统应用栏尺寸设计规范

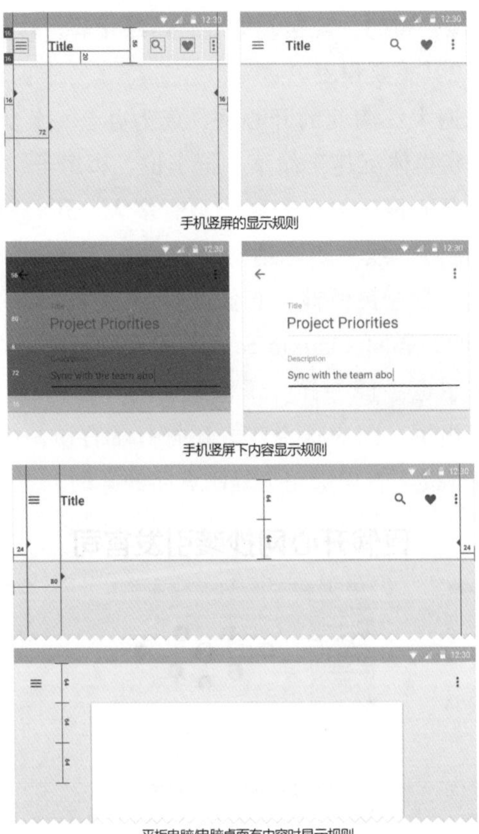

手机竖屏的显示规则

手机竖屏下内容显示规则

平板电脑/电脑桌面有内容时显示规则

3. 结构层

主要包括信息架构、常规功能、特色功能、实现情况、用户流程等，这个层面主要是将用户的需求转化为产品需求，体现产品的逻辑。

比如：虾米音乐和网易云音乐这两个竞品的交互设计及其信息架构非常类似，但又有不同。虾米会向用户随机推荐好听的歌曲，而网易云音乐会尊重用户的喜好进行智能推荐，支持用户发布自己的歌单，获取更多用户的参与，发挥其网易用户互动模块的产品优势。

虾米和网易音乐的首页对比

虾米音乐的首页　　　　网易音乐的首页

4. 范围层

主要包括产品的核心功能、次级功能、功能架构、业务流程设计等模块。这个层级定义了产品为用户提供的解决方案，既内容的方向。

比如：斗鱼和虎牙两个直播产品在范围层形成的竞品差异化，二者的核心功能都是为用户提供直播内容，但主打的路线差异却又很大。斗鱼在二次元的信息层面传达更加清晰，而虎牙在一些热门游戏比如王者荣耀方面的人气更高。这就为不同偏好的用户提供了选择。

斗鱼和虎牙产品范围对比

斗鱼的首页

虎牙的首页

5. 战略层

主要包括企业愿景、产品定位、需求把控、用户习惯、商业模式等。这个层面关乎产品的商业价值，及其业务所能拓展范围的宽度。

比如：优酷和爱奇艺，这两个产品基本能满足我们日常的看剧需求，但二者的战略层面又不太一样。优酷借助阿里，在流量入口方面优势更明显，其二次元、卡通模块也做得非常好。爱奇艺的战略方向却是自制剧，自主策划综艺节目，形成自己的独特标签。

优酷和爱奇艺产品战略对比

优酷的首页

爱奇艺的首页

4.3　学习竞品的原则

上面说了很多关于竞品的案例，那我们怎样才能更好地利用竞品为我们的产品提供帮助呢？这里总结了一些学习竞品的方法。

4.3.1　明确产品所处的阶段

所谓“他山之石，可以攻玉”，产品发展到一定阶段，可能会受到很多问题的困扰，有些问题可能会演变成产品发展的瓶颈，得不到有效的解决，但竞品可能也遭遇过类似的问题，甚至早就应对解决了。所以我们可以试着去分析一下竞品，寻找解决问题的方法。即使找不到，至少可以帮助我们拓宽一下思路。我们可以通过产品所处的四个阶段来有选择地学习竞品：

1）全新领域，完全没有接触过，需要学习大量的直接或间接的竞品。了解市场的空白领地，多维度学习总结。

2）产品初期，在产品初期的时候，迭代的思路往往没有打开，不知道怎么才能撸起袖子大干一场，这个阶段更多是需要学习直接竞品，借鉴成熟的模式，明确产品的需求。

3）产品中期，产品到了中期往往会遇到一些瓶颈，数据增长也会放缓，运营可能会有点迷茫，对产品和团队来说是一个考验。这时候就需要开始全面进行竞品分析，需要学习的不单单是直接竞品，更多应该去学习创新产品的思路，寻求突破的方法。

4）全新改版，产品在遭遇某些窘境、增加新功能、上线一段时间以后可能会考虑做一次全新的改版。用户对产品的新鲜度会不断降低，产生审美疲劳，需要来次全新改版，让用户耳目一新，重新焕发对产品的新鲜感。这个阶段学习的可不仅仅是竞品了，更需要的是创新，多维度学习各类前沿的产品思维。

我们做过一款直播类型的产品，在逻辑上借鉴了成熟的直播竞品。可我们的产品还处于起步阶段，没有用户，借鉴太多成熟的竞品，可能会导致产品过于复杂，缺少创新，很难体现出竞争优势。特别是在设计产品的消费逻辑上面，花费了太多的设计精力。还因为这个产品的消费逻辑设计得太过复杂，最后并没有通过应用市场的审核。这个产品让我们走了一些弯路，促使我们重新思考，怎样创新，怎样跟竞品做出差异化。这个项目经历，再一次让我们意识到在产品发展的不同阶段，应根据用户的不同需求优化不同的功能点，步步为营，一个好产品不是一蹴而就的。

直播产品的支付收费环节

充值规则-转化为金币　　账户收益金币-兑换为金豆　　提现银行卡-金豆转换为货币　　主播设定提问的金额

4.3.2　产品功能分析

分析产品不能仅局限于表现层的设计，而是要全面学习产品的各个方面。一款产品不能因为体验好就被用户收入囊中，关键是要明白为用户解决了什么需求。如果竞品做得好，我们应该分析做得好的原因，我们与之差异在哪，这些差异是否适合自身产品。做产品不能只看表象，而是要学会分析思考，这样才能越做越好。

产品的功能分析模块比较广，我们就拿某一块来说吧，比如经常挂在嘴边的SEO，就是关键词搜索。在 App Store 上输入相关字，同类产品优化比较好的，可能每次都能看到。有时明明输入自己产品的名称，可搜索结果中居然可以看到竞品，这是为什么吗？这是因为竞品加入了关键词。很多产品的 SEO 优化都被提到了一个很高的 Level，PC 时代很多时候都是通过关键词搜索直达目标作为互联网的入口。移动时代的入口虽然变成了二维码，但是产品往往是寄生在应用市场这些大平台上，同样需要最快地被搜索到。这只是引用了一个 SEO 优化作为关键词的例子。我们做功能分析，可以列出关键的几个模块，以此类推各自的优劣差异，如各自的展现形式、关键词、筛选字段、登录注册规则、内容呈现逻辑、渠道入口策略、运营规则等。可以通过一些简单的方式对比分析，一目了然地呈现其优劣，如下图。

对比功能分析直播竞品个人中心

竞品	基本信息	级别奖励	消息、任务、浏览	充值、收益	主推点
斗鱼	个性、信息少、可编辑	等级、贵族、积分、徽章、特权	强化消息、每日任务、弱化浏览	鱼翅充值、收益入口靠下	发布、充值、互动
虎牙	简洁、信息多、可编辑	贵族、徽章、守护	弱化消息、有任务、有浏览	金豆充值、收益跟资料关联	订阅、粉丝、充值
映客	简洁、显示帐号、可编辑	等级、礼包、贡献	弱化消息、无任务、有浏览	钻石充值、收益清晰	关注、粉丝、账户
NOW	简洁、显示帐号、可编辑	等级、贵族、勋章、达人	无消息、无任务、弱化浏览	简洁充值、简洁收益	关注、粉丝、贵族
YY	简洁、信息少、可编辑	成就、特权、跑骚团、勋章	无消息、每日任务、弱化浏览	统统放入我的钱包	关注、粉丝、互动
分析结果	简洁、可编辑、昵称	成就、特权、勋章	每日任务、有消息、有记录	金豆充值、收益	发布、互动、关注

2010 年 10 月 19 日，kik 正式登录苹果商店和安卓商店，并在短短半个月时间里，吸引 100 万用户。这款 IM 可以读取本地通信录里的好友建立圈子，并在此基础上实现免费短信聊天，似乎就是一款简单的跨平台即时通信软件，因为当时它还不能发送照片和附件，主要功能就是聊天。但这对通信市场的冲击很大。kik 出现后引起的风靡，使得小米和腾讯相继推出了米聊和微信这两款类似功能的产品。米聊早微信几个月上市，而微信可能在一定程度上也受到米聊的启发，上线了“查找附件的人”功能，拉开了和米聊的差距。如果微信只是简单学习 kik 产品的模式，没有细致地做竞品的功能分析，又哪来一夜爆红的语音和视频聊天功能呢？用户又怎么会被其吸引过去呢？微信也不可能一开始就知道要开发语音、视频聊天的功能，肯定也是做了大量的用户调研和竞品分析后才找到这个差异化的功能需求，从而变成了自己的核心功能。所以，不要小看这个差异化的需求就可能会让你的产品瞬时引爆。

几款聊天产品的对比

kik首界面风格　　米聊首界面风格　　微信首界面风格

腾讯的 QQ 发展到今天，依然占据相当一部分市场份额，其成立之初，可能是受到以色列的一款 IM 软件 ICQ 的启发，但对比产品差异发现，两者其实在各个方面的差距都非常大，QQ 在很多方面都做了大量的创新：用户资料全部存储于云端服务器、离线也可以发送消息、可以选择隐身登录的功能、设定自己的个性化头像、加强社交、提供免费服务、优化服务器性能、优化网络等。

QQ和竞品ICQ

ICQ界面风格

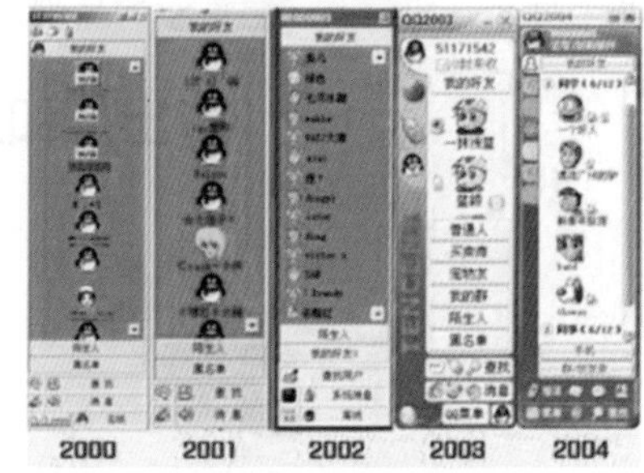

QQ几年的界面风格

4.3.3　体验设计的亮点

体验设计是可以看到和触控到的外在表现，学习起来相对简单，也是设计师比较擅长的。表现层的体验设计关联很多元素：色彩、字体、图形模式、图标、布局、列表、按钮、控件、交互规则、动效等。比如列表，就有好多设计形式：图文混排、纯文字、卡片式、瀑布流、分页等，每种设计形式都可以对应不同的产品类型；图标也有很多设计形式：线条、块面、色彩等，每种设计表达形成可以传达给用户不同的情感需求。

做项目的时候，经常听到关于过场动画的不同看法：一方认为，过场动画是在喧宾夺主，影响用户的浏览体验；另一方认为，这是在追求极致的体验设计。我们究其设计的初衷来想，为什么要设计这样的动效？因为加载内容信息量不对等，用户手持设备的网络状况也不对等，赶上地铁、山区等网络不好的地方，可能要等上好几分钟，只是等待没有其他反馈会让用户很焦虑。体验上为了减少用户这样的焦虑，往往会设计一些与主题相关的，带有趣味性的动画。系统默认的过场动画就是简单的转圈圈，长期面对会显得单调，不能引发用户情感的共鸣。当然，动画设计也要合适。适当设计趣味性的动画对提高产品的整体调性，有很大的帮助反之，可能会起反作用。

优化好产品中的体验设计无疑是至关重要的一环，针对产品所处的不同阶段，选用不同的方式来优化体验设计。

我们在做一款选车产品的时候，发现找车模块的体验设计很不好，进入二级页面被做成了侧滑的弹出层体验，弹出时会遮住屏幕 80% 的区域，还有 20% 的区域展示上一页信息，弹出层和上一页信息可以同步操作切换，如下图。这个体验从产品的角度来看，不仅可以控制侧滑层的内容，还可以控制上一层内容，同时控制这两个页面，切换上一层页面的品牌，弹出层的内容可实时切换到对应品牌下的车型。

弹出层和上一层同步切换

侧滑层设计样式　　选择上一层品牌可同步切换到品牌车型

弹出层侧滑样式设计

但在体验层面就会给用户造成很大的困扰，用户不知道怎样收起侧滑层，还会遇到侧滑层上叠加侧滑层的情况，完全违背了我们一直高呼的，为极致体验设计的原则。经过反思、研究、尝试，以及从竞品中得到的启发，我们设计了如下图所示的方案。

侧滑优化的几种设计思路

侧滑上选车款又叠加一层　　采用侧滑遮罩的设计　　学习淘宝思路底部弹出遮罩层

这个方案虽然在体验设计上做出了创新，但并没有解决困扰用户的全部问题，车型里还会有一层车款页面。既然这样的方案不能解决困扰我们的问题，那我们就回到用户层面重新出发，抛开侧滑的思路，直接用单独的页面来呈现不就可以了吗？把原有的侧滑体验设计成正常的全屏页面，即使再有弹出层的需求也不会影响体验，同时选择车型会直接进入车型详情页，不用再弹到车款页，这样的体验就顺畅多了，解决了困扰用户的体验问题。在固有的思维上去创新有时会让我们陷入窘境，跳开原有思路可能会获得意想不到的收获。如下图。

最终优化方案

最终去掉侧滑的全屏设计　　选择车型直接到车型页，没有再弹一层的车款页

4.3.4　用户使用评价形成的口碑

用户评价经常会被忽略掉，在淘宝上购买商品，当我们不能判断商品好坏的时候，往往把用户的评价作为一个很重要的衡量参数。产品也是同理，好多人都是在跟风使用产品，因为身边的人都在用，这就会形成强大的口碑传播效应，带来的效果可不是简单的几何倍增，而是次方式的病毒式传播。

我们常常会做很多数据比对分析，发现很多数据表现出来的结果都是偏好的，但用户评价可能会告诉你另外一个真相，这就需要我们从用户层面去分析，这样分析的结果才可能会是良性的。用户的评价在评判产品好坏时变得尤为重要，因为这才是用户想要表达其使用产品的真实感受。

我们曾对某产品做过一次推广活动，通过各大应用市场分发，上线后确实带来了好多量，但产品的信用评级却被调低了，看到评论才发现原因所在，好多人居然不知道活动所得的福利怎么领取。我们再看一下活动周留存居然不到 20%。

通过各个渠道了解用户对某款产品或产品某功能的评价，然后才能提取到有价值的信息，最后总结比对我们用户的需要。

4.3.5 创新变革才是硬道理

创新变革放到最后，这一步我们是在做最后的总结输出。层层比对分析，终究是为了解决产品自身存在的问题，提高产品自身的核心竞争力，并不是为了求同，也不是为了全盘照搬，而是为了突出产品本身的竞争优势。

腾讯出品的游戏《王者荣耀》，跟市面上的几款火爆游戏《 DOTA 》《英雄联盟》《暗黑》等，在游戏策略、设计风格、英雄及技能等方面有一些相似之处。但《王者荣耀》最多也是作为一个后起之秀的竞品存在，为什么一下子就能火爆起来了呢？为什么有好多玩家明明在玩其他游戏却还要来玩王者呢？其实原因很简单，就是因为身边的人都在玩。这就是口碑营销的病毒式传播。截至 2017 年 5 月份，王者荣耀的 MAU 为 1.63 亿，同比翻了 1 倍多。日新增就达到 180 万，月留存可达 55.9%，日均使用 47.2 分钟，24 岁以下的用户超过 52%，54% 的玩家居然都是女生。这在 MOBA 类的游戏中绝对是一个传奇，二三线城市用户占比高达 90.5%。在实际体验之后，其在英雄的速度、推塔难度、对战节奏、投降时间、多人语音、默认语言、屏蔽发言、英雄设计魅力值（萌妹子的引爆点）、重连时间、一键购买、自带回血、5V5 公平竞技等方面的整个体验感非常好。腾讯经过分析竞品，总结体验上的痛点，融入体验上的这些创新，这才形成用户口碑的病毒式扩散，迅速占据市场。

学习竞品并不全是好处，还有一定的局限性，因为产品是依托在企业文

化、商业战略、企业基因等硬设施之上的。有些可能并不一定适合你，这也是很多产品没有创新成功的原因。学会把握产品的整体感觉，摆脱竞品的局限性，创新变革才是产品引领核心竞争力的基石。

4.4　竞品里面的一些坑

我们知道利用竞品的好处，也学习了对比分析竞品的 5 要素分析法，还归纳了利用竞品需遵循的 5 个基本原则。可在实际的分析应用中还会遇到很多坑，有些可能迭代一次就过去了，有些就是很难跨过了。其中，有 3 种坑需要注意：找差异化、鉴别优劣、标新立异。

4.4.1　找差异化

利用好竞品可以帮助产品跨过很多沟沟坎坎，针对产品的不同阶段，学习竞品的意义就不一样，起步阶段可以帮助我们降低学习成本，成长期学习让我们看得更远，中期学习帮助产品超越自我。但若是全盘复制，就会导致很多恶性循环，没有差异化何来竞争优势？

还记得 2010 年的“千团大战”吗？每天都有上百家团购网站诞生，PHP+MySQL 被定义为团购网站的完美组合，直接下载一整套开源代码，稍微做下设计定制，就可以建立一个全新的团购网站。当时每天以过百家团购网站诞生的速度发展，可见这市场规模有多大，可现在还能看到几家团购网站的身影呢？曾经的行业老大拉手网又今生几何呢？美团一直在做领域内的差异化，成了最后真正的赢家。

4.4.2　鉴别优劣

在做竞品分析的过程中，我们往往会被表现层的东西所迷惑。体验设计追求的宗旨是好看好用，但谁也不敢说好看的东西就一定适用，这就要求分析者必须深入了解自己的产品，结合场景去做分析，仔细体验，鉴别其优劣。

我们在优化关于汽车产品中的车型详情页，对需求评审的时候，产品经理提出要增加亮点配置的模块。这个需求提出的时候，大家都觉得挺好。但设计好需求的界面后，产品经理却提出了异议，认为我们没有用图标来设计这些配置，还把参考的竞品拿来让我们参考。

我们仔细分析了竞品和产品经理的需求。类似设置、返回这些属性一看图标就懂是什么意思，而汽车配置都是卤素灯、LED 灯、安全气囊、车身稳定、主动刹车、上坡辅助、驻车雷达、自动泊车、差速锁等，这些很难通过图标表达出其含义，还是需要有图标的注释才能明白，而且买车的用户，又有多少是汽车方面的专家呢？如果全用图标列出来，可能会给用户造成不必要的干扰，而且配置很多，至少需要两屏才能呈现完，这样整屏图标呈现出来阅读体验并不好。我们认为体验设计应该更直观地呈现给用户内容，而不是给用户增加阅读负担，后来我们团队在这点上达成了共识。在评审会上亮相了三个我们挑选出来的设计方案，见下图。大家看到方案，都各抒己见，最终选择了方案 3。

汽车配置设计效果对比

带图标模仿竞品的设计　　优化后简化版设计　　最终定稿设计

4.4.3　标新立异

做完竞品分析，不是提取各自的优点就可以做出一个完美的产品。那样每个产品都会是一个模子刻出来的，还有什么优点？利用竞品是在帮助我们更好地认清行业的诟病和自己产品中所存在的不足。当我们认清这些以后呢？是要我们的产品标新立异，而不是对这些诟病和不足视而不见。

阅读资讯类的产品很多，基本都大同小异，今日头条通过大数据记录用户的阅读习惯形成了自己独特的市场地位。同类竞品再采用这种方式就很难突破。我们挑选出三款在阅读体现上标新立异的产品。轻芒阅读没有延续竞品直接呈现内容，而是将自己打造成一个平台，精选垂直领域的优质内容，组合到自己的平台，让用户方便阅读，通过平台拥有多个产品。Flipboard 做了一些兴趣标签，给用户一些选择偏好，然后再通过独特的交互体验给用户留下深刻的印象。MONO 完全走另外一个极致设计路线，每天都会给用户意外惊喜，推荐优质内容，用户也可以自主选择喜好内容的标签。这三个产品完全区别于同类竞品的风格，标新立异，主打各自的优势特点。

偏向阅读的推荐对比

轻芒阅读的内容选择　　Flipboard感兴趣的内容选择　　MONO的兴趣推荐模块

利用竞品里的这些坑，我们都蹚过，但我们总结出来，希望可以带给企业、团队不一样的视角。在团队中，不是每个人只管自己那块自由地就能把产品做好，而是所有人都能奔着同一个目标去努力。产品经理肯定是从产品的角度来思考需求，设计师则更多考虑体验设计，各司其职地专攻不同的方向，站的角度不同，产品在思考表现层的体验设计可能就会产生偏差，这是可以理解的，因为设计师在战略层、范围层、结构层的思考同样可能会有很多不足，所以每个细分领域都应该发挥出各领域的优势，这样就会越做越专业。竞品做得好，我们就要使用一定的方式方法去分析、学习做好的原因。但竞品的优点并不一定适合我们的产品，这需要从多维度来考量，也不用只看某一个竞品，创新不是单方面的思考，而是涉及多个细分业务领域的综合考量。

第 5 章

定制弹出层体验设计

◎霍冉冉

弹出层的设计和体验在产品中非常重要。优秀的弹出层总是及时提醒和引导用户操作，却不让用户太过注意到它的存在。

5.1 弹出层的功能

弹出层按照功能可分为：敏感操作确认、操作引导、评论和更新提醒、推广活动等。

（1）敏感操作提示弹出层

当用户进行付款、转账、删除、修改等敏感操作时，弹出层会向用户确认是否进行此项操作，这种弹出层的体验方式就是敏感操作提示弹出层。提示敏感操作的弹层必不可少，它会增加用户对产品的信任感，并减少误操作的发生。

（2）操作引导弹出层

当某个新功能上线，用户需要进行一系列复杂的操作才能达成目的，这种可以直观引导用户快速完成操作的弹出层即操作引导弹出层。操作引导弹层就像一

常见弹出层功能

敏感操作弹出层

操作引导弹出层

提醒弹出层

活动弹出层

个向导，指引用户操作。

（3）提醒类弹出层

用以提醒用户评论、排名、签到等信息的弹出层。

（4）活动类弹出层

用以作为变现方式，推广商家产品和活动的弹出层。

……

当一个弹出层出现的时机恰如其分、内容言简意赅、出现的方式合情合理，用户通常不会注意到弹窗的出现。在没有过多打扰用户的前提下，弹出层发挥了最大的作用。

5.2　错误的弹窗

1. 除非必要，不要打扰

很多人体会过被弹窗连续轰炸的情景：有时候修改性别设置后弹出一个提示弹窗、修改年龄设置后又弹出一个弹窗，每一个修改的操作都出现一个提示弹窗提示状态。开发者本想事无巨细地提醒用户，殊不知这往往让用户很抓狂。弹窗不是越多越好，事事都提示反而等于没提示。用户被太多无关痛痒的操作吸引注意力，必然遗漏重要的信息。

2. 不给用户强加任务

在这里很想提到一种提示用户给好评的弹窗，很多应用都乐于这么去做。但从用户角度去想，用户只是在进行自己的操作，对于 App 的评价没有多少兴趣。尤其是对 iOS 端的评价要先跳转到 App Store，这种和用户本来的操作毫无关联的跳转会让用户失去耐心。大部分用户看到这样的弹窗第一反应就是不耐烦地寻找关闭按钮。能给用户提供及时提醒和帮助的才是有意义的弹窗；打扰了用户操作，让用户产生厌恶的就是不合理的弹窗。

3. 不阻碍用户决定好的操作

很多取消关注的操作，用户只要点击“已关注”按钮，自动就会取消关注。也有很多应用不希望用户取消关注，或者怕用户因为误操作而取消关注，所以在这里会增加一个操作确认弹出层，这并没有什么问题。但是要注意，在这个弹出层里，“取消关注”这一操作要强提示给用户。因为绝大多数用户既然点击了“已关注”按钮，目的很明确就是想取消关注。这时再设计重重阻碍，会让用户产生不能自由取消的体验。

不阻碍用户决定好的操作

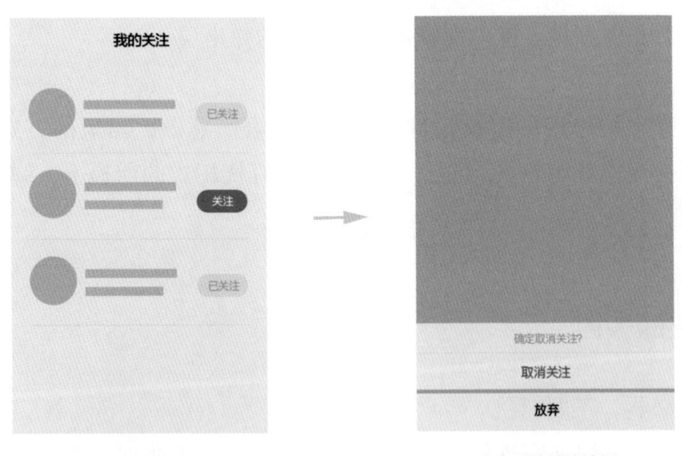

取消关注　　　　突出取消关注按钮

4. 不让弹出层承载过多

有的弹窗看似设计得很简洁，可当你操作完之后，它会提示你继续在弹窗里进行下一步操作。有的用户耐着心进行一步又一步的操作，有的干脆半路放弃。

这样的体验非常糟糕。设计师也会遇到这样的情况，在一个小小的弹窗里，产品堆砌了长长的内容和功能。为了把内容完整地归纳进弹窗，设计师绞尽脑汁，加了滑动条、加了翻页，要么干脆和产品经理就要不要去掉一部分内容争得面红耳赤。这个时候，设计师不妨想一想，这样的设计是用弹窗展示更合适，还是用完整的页面展示更加合适。

什么时候使用弹窗？使用什么类型的弹窗？是设计师重要的一课。要把弹窗弄清楚，首先得了解弹窗的每一种类型。

5.3　弹窗分类

不同作用的弹窗，样式不一样、使用场景不一样，对用户造成的体验也会千差万别。要学会如何正确地设计弹窗，就得先了解弹窗有哪些类型。

从开发者角度来看弹窗是一个系统，一般从是否打断用户操作这点来把弹窗划分为：模态（阻断式）弹窗和非模态（非阻断式）弹窗两种。

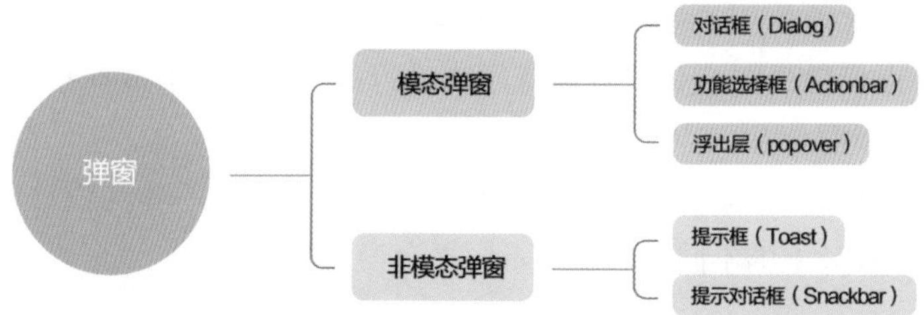

1）模态（阻断式）：打断用户的操作行为，用户必须对本弹窗进行操作，否则不能进行其他操作。

2）非模态（非阻断式）：不会影响用户的操作，用户可以不对其进行回应，通常都有时间限制，出现一段时间后就会自动消失。

5.3.1　模态弹窗

模态弹窗的特点是要求用户必须做出相应操作，不然不能继续使用产品。

模态弹窗按照样式又分为对话框（Dialog）、功能选择（Actionbar）、浮出层（popover）。

1. 对话框弹窗

对话框弹窗是一种比较常见的弹窗样式，也是应用最多的样式。多见于触发删除、清空、退出、付费等敏感性操作，用以提醒用户此操作会带来较大影响，询问是否继续进行该操作。

对话框样式区分

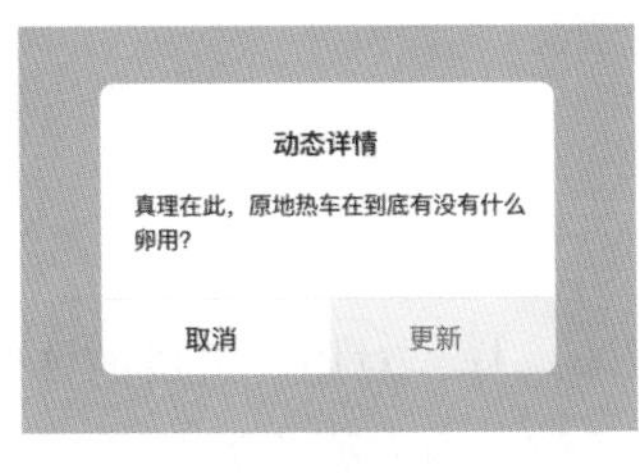

iOS

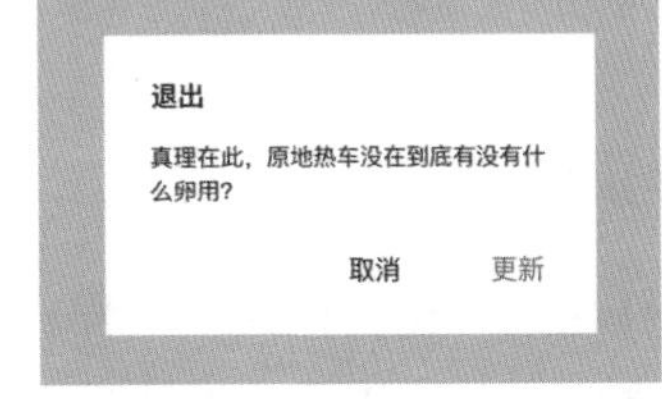

安卓

对话框弹窗一般包括提示标题、操作描述和两个按钮（进行该操作 or 取消该操作）。提示标题很多时候不加；操作描述文字和按钮上的文字需言简意赅没有歧义。尤其是按钮文字，一般采用描述动作的词语，例如：删除、更新、保存等。不能模式化地使用“确定”和“取消”，避免用户在一定语境下产生歧义。另外还与一点值得强调：开发者期待用户进行的操作，一般放在按钮 2 的位置，颜色也可适当加强，用一点“心机”挽回用户的敏感操作。

* 自从 MD 问世以来，安卓的设计更加统一和规范化。作为设计师还需留意 iOS 和安卓在设计上的不同，制定好不同平台设计的规范。

2. 功能选择框弹窗

功能选择框顾名思义主要功能是选择，相对于对话框式只能进行两种操作的选择，功能选择框可以进行多个操作的选择，并根据选择项的多少有不同的样式。

只有 3 ～ 6 个选项的弹窗，一般采取底部弹出的列表样式，把选择项逐个展示出来即可；超过 6 个选项，如时间选择框，每个选项之间有一定的次序关系，设计可以用滚轮式弹窗；像地域选择这种选择项多的弹窗，选择项彼此之间没有逻辑顺序，可以如下图简化后列出；现在常见的分享功能，点开后除了分享平台的选择之外还有更多其他的选择，这就需要动用设计师的智慧，用图文结合的方式展示布局。功能选择框的样式多样，设计师灵活运用即可。在设计的过程中也会遇到新的情形，也需要设计师开动脑筋，灵活处理。

两种及两种以上操作选择

照片功能选择框

分享功能选择框

3. 浮出层

浮出层是当用户点击某个按钮或者控件后出现的一个浮在页面上的临时视图。当很多重要的功能在某一个页面放不下的时候，就会用到一个隐藏的按钮或者控件，而浮出层就是通常用来展示这些隐藏起来的常用功能的。

灵活的浮出层

微信“+”

新浪“扫一扫”

浮出层最初也只是在 iPad 这样大屏幕的设备上应用的一种控件，但随着智能手机屏幕越来越大，这种样式也逐渐在手机端流行。可见规范也不是一成不变，设计会随着技术的进步和用户习惯的改变而不断变化。没有一成不变的设计，只有最适合的设计。

5.3.2 非模态弹窗

非模态弹窗按照样式分为提示框（Toast）、提示对话框（Snackbar）。

1. 提示框

相对于对话框的生硬打断，提示框就显得温和多了。提示框是用来提醒用户的操作状态和结果（成功 or 失败 or 正在进行中）。一般来讲，提示框的文字非常精炼，这是由提示框的展示特点决定的。提示框一般放在页面的正中间或者页面下方，一个提示框出现的时间大概就几秒。用户要在几秒内把目光转移到提示信息并阅读完毕。文字太长就失去了这种轻量级提示的意义。

其实 iOS 系统是没有提示框部件的，在 iOS 系统中，与提示框类似的是“HUD”（透明指示层）。与提示框不同的是：HUD 出现在屏幕中央、带有 icon、供用户调节变化、透明毛玻璃似展现；而提示框多出现在底部、不能进行操作、半透明黑色展现。但是现在大多数 iOS 系统的 App 都用到了提示框这种形式。

也有一种提示弹窗，是不太适合放在页面中间和底部的，例如下拉刷新更新内容，放在内容顶部就更加妥帖。这种提示框一般用在新闻、资讯等持续更新的内容列表顶部。

提示框

iOS “HUD”

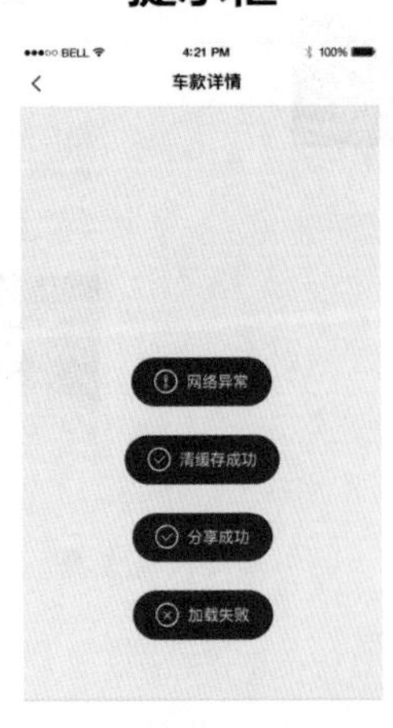

Toast

顶部提示条

2. 提示对话框

提示对话框在安卓手机上会常见到，在 iOS 手机上就不太常见。它也是一种非阻断式弹窗，位于页面的底部，除了能提示用户信息，一般还带有一个操作按钮。用户可以选择点击按钮进行操作，当然不选择此按钮也不影响当前操作，这个提示框持续短时间后会自动消失。

朋友圈的消息提示框，属于微信特有的一种提示形式。当用户的朋友也点赞了该用户互动过的内容时，朋友圈的顶部会出现这么一个提示框，提示有人也看到并点赞或留言了同一条信息。用户点开或者不点开都不影响用户对当前页的操作，但是用户出于好奇和惯性大都会点开该信息。

提示对话框

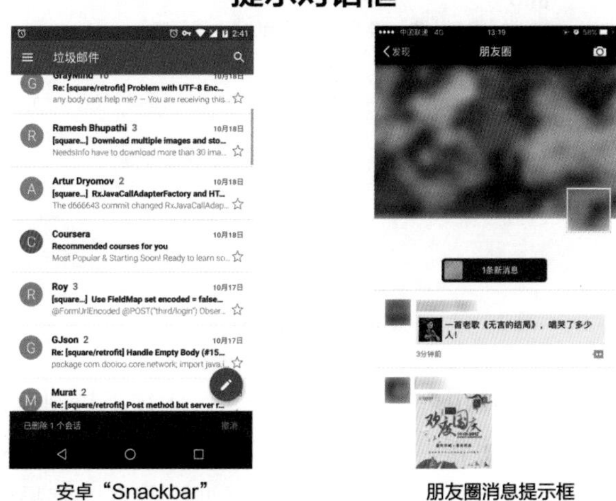

安卓“Snackbar”　　　　朋友圈消息提示框

5.4　弹窗设计的 6 个原则

系统地了解弹窗对设计师而言十分必要，这对什么情况用什么弹窗帮助很大。可即使这样，在实际应用的过程中依然会出现各种问题。设计不是对号入座的纯理性工作，还需要站在用户的角度思考用户的需求。弹窗设计的时候还需遵循一定原则，才能保证设计符合“情理”。接下来将结合案例逐一说明。

5.4.1　轻打扰

弹窗很容易打断或干扰用户操作，苹果对此保持“不操作、不打扰”的原则：

“Unobtrusively integrate status and other types of feedback into your interface. Ideally, users can get important information without taking action or being interrupted.”

翻译过来是：

“潜移默化地将状态改变或者其他类型的反馈放进你的界面中。理想的情况是：用户可以不用进行操作或者被打扰，就能得知重要的信息。”

轻打扰

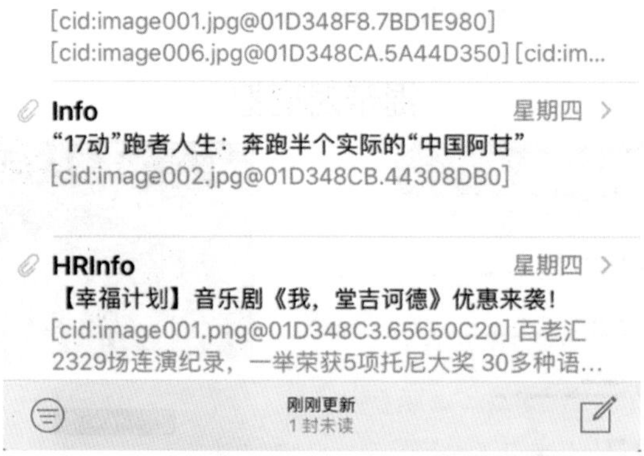

[cid:image001.jpg@01D348F8.7BD1E980]
[cid:image006.jpg@01D348CA.5A44D350] [cid:im...

Info 星期四 >
“17动”跑者人生：奔跑半个实际的“中国阿甘”
[cid:image002.jpg@01D348CB.44308DB0]

HRInfo 星期四 >
【幸福计划】音乐剧《我，堂吉诃德》优惠来袭！
[cid:image001.png@01D348C3.65650C20] 百老汇2329场连演纪录，一举荣获5项托尼大奖 30多种语...

刚刚更新
1 封未读

苹果邮箱底部操作栏

这是苹果邮箱的截图：用户进入邮箱列表页，无须下拉刷新，在底部操作栏会有状态展示——“刚刚更新，1 封未读”。这完全符合苹果“不操作、不打扰”的原则。这里没有 toast 提示，对于用户一瞥可见的信息，苹果没有将事情变得复杂。

5.4.2 统风格

受制于开发时间，设计规范的完善经常与开发过程同时进行。在开发结束后设计规范才能全部落地。所以在设计过程中，经常出现某些设计页面风格不统一的情形。如左图的下拉弹层的样式和整个设计风格差别略大，从体验的角度并没有什么错误，但从视觉规范的角度来看，大面积运用了标准色中所没有的重色，使整个设计风格发生了很大的改变。除此之外，整个应用中没有再用过大面积的重色。基于设计风格更加统一的考虑，更改成浅色的样式。设计风格得以更好地延续，按钮布局也更加紧密清晰。

统一设计语言

不符合规范的设计　　　　正确的设计语言

5.4.3　优设计

设计师接到任务，便开动脑筋去解决问题。有时设计师自以为毫无问题的设计，拿出来与同类案例对比，却往往不能令人满意。

优化设计

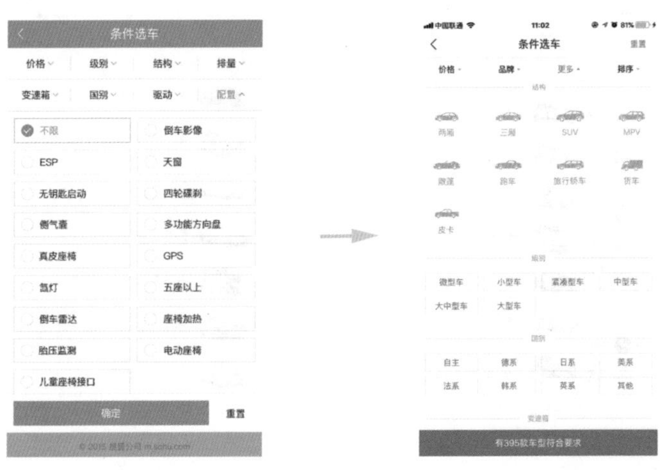

繁复的设计　　　　结构简化的设计

左图将下拉弹层设计得过长，内容超过了屏幕的2/3，太过复杂冗长。同时每一个选项运用了线框，选项之间空隙很大造成视觉上的错乱。如果换成右图的样式，同样的内容，展示空间将大大缩小，每一个选项都清晰可见，用户选择起来也更清晰简洁。

为了避免这样的效果，设计师一定要多想多看。多想想其他的实现方式，多看看竞品的优点。带着找解决方法的心态去体验竞品，思考设计背后的逻辑。永远不满足于当下的设计结果，才能不断将产品优化得更好。

5.4.4 同交互

品牌页面选择品牌，会从页面右侧向左弹出一个列表弹层，这个侧滑弹层也属于功能选择框的范畴。应用侧滑弹层的优点是不覆盖当前页即可选择车型，中途想更改品牌，也可滑动左侧品牌列表进行重新选择。但是在实际应用的时候，会经常性出现错误操作。一般的弹层只要点击弹层以外的区域就可关闭弹层，但是此处只有通过右滑才能关闭弹层。这种交互区别于产品中其他的交互方式；再者在同一个页面，在有弹层出现的情况下，用户只可以操作弹层内容，而不可以操作弹层下方页面。如果两个层级的内容都可以操作，就不可避免会产生误操作。

统一交互（一）

那遇到这种情况怎么解决呢？为了统一产品的交互方式，也为了减少对用户

的干扰，此处可以将弹出层用全屏的形式呈现。全屏形式更接近普通的内页，但属于功能选择框的范畴，都属于从底部弹出的滚动选择器。记住全屏弹出形式和页面的一大区别就是：弹层一般从底部弹出，而页面从右侧滑出。全屏弹出区别于功能选择框的几点：

1）改动不是时时保存的，需点击“保存”按钮后才能保存更改；

2）往往包含输入型操作入口，比如输入框。

全屏弹出层的顶部操作栏的左上角一般有“取消”按钮而不是返回按钮，右上角有“保存”按钮而不是“关闭”按钮。这也是弹出层和普通分级页的不同之处。当用户进行了输入却点击了“取消”按钮，可以允许在全屏弹出层上方出现提示弹窗。这是唯一允许弹窗之上有弹窗的情况。

统一交互（二）

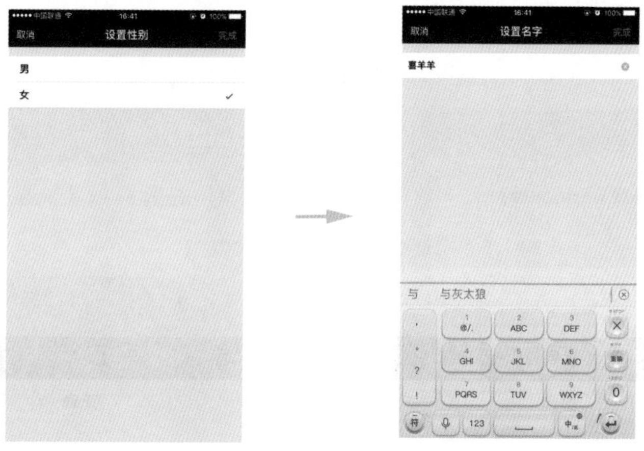

5.4.5　简文案

出于弹窗干扰和打断用户操作的特点，文字上的简练和直意是最基本的要求。用户在操作的时候不希望被一直提醒和警示，要用最少的语言表达最明白的意思。首先得训练自己的逻辑思维能力，学会在一堆错综复杂的事物中淬炼出最重要的信息并用文字表达。其次要明白用户不是傻瓜，不用事无巨细、一一罗列，自己能看得懂的语言，用户同样能看得懂。缩短用户在提示上被占用的时间，便于用户重新沉浸式体验。

精简前　　精简后

在写弹窗文案时，也有三点需要注意：

第一点　使用疑问句，例如："删除这个对话？"

第二点　文案中动词与按钮文案要相关联。

按钮的文案，应告知用户操作的结果。尽量避免使用"是 / 否""确认 / 取消"这样的文案。

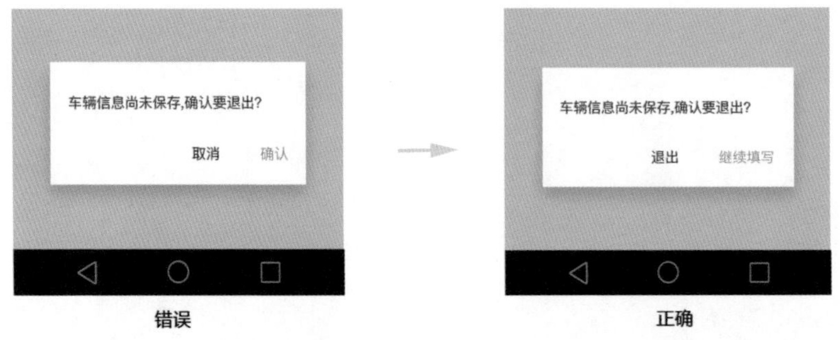

错误　　正确

第三点　避免道歉或者有歧义的语句。例如：

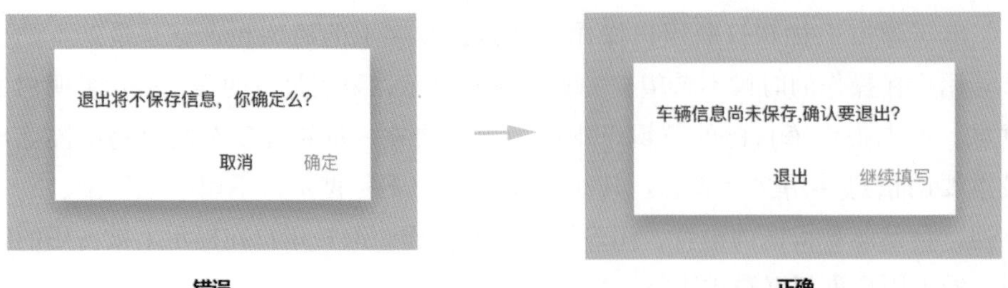

错误　　正确

5.4.6　定制化

不管是 iOS 的设计规范还是 MD 的设计规范，都给开发者和设计师提供了一套最基本的设计模板。设计师难道只能按照设计规范一成不变地进行设计吗？当然不是。现在设计界内提倡情感化设计，就是要根据每一个 App 的用户群体和使用场景进行更加人性化的设计变化。弹窗也可以作为体现设计特点的窗口，尤其是在设计签到、等级排名、获奖、活动、版本升级等窗口时。这些窗口都有一个特点，告诉用户的都是好消息。对这类弹窗进行重点设计，会渲染活动气氛、激励用户去进行更深入的操作。例如游戏类 App 的弹窗，从来都是炫酷霸气的，用户看到自己目前的排名和奖励信息会刺激他对游戏更加着迷。设计师可根据 App 本身的设计风格及用户人群进行情感化设计。儿童类的 App 注重色彩明亮欢快，添加卡通元素；女性类应用可用干净时尚的色彩元素；母婴类应用就使用温馨暖和的色调等。总之就是在保持设计风格的同时发挥设计想象力。

定制化弹窗

设计是一个看似人人能做，却不是人人能做好的行业。就像一个简单的弹窗，初学者以为就是简单的标题、内容、按钮的罗列，深入研究后方知每一个细节都需要用心体会。设计不是简单的内容罗列，而是从人的角度出发，综合了功能、场景、用户、视觉等因素的理性考量。理性的分析加感性的审美才是一个合格设计师的基本素养。

第 6 章

情感化设计

◎孙伟

何为情感？情感是人对外界事物作用于自身时的一种生理反应，是由需要和期望决定的。当这种需求和期望得到满足时会产生愉快、喜爱的情感，反之，苦恼、厌恶。而情感化设计是一种创意工具，利用人类的情感多样性，来表达和发挥设计师的思想和设计目的。

唐纳德·诺曼在《情感化设计》一书中从心理学的角度揭示了人本性的 3 个特征层次："即本能的、行为的、反思的，提出了情感和情绪对于日常生活做决策的重要性。3 种层次的设计与产品特点的对应关系如下：

（1）本能层次的设计—外观

本能层次是先于意识与思维的，它是外观要素和第一印象形成的基础，人是视觉动物，更多强调的是产品给人的初步印象，视觉设计越是符合本能水平思维，越容易被大众接受。

（2）行为层次的设计—使用的乐趣和效率

本能层次带来的良好印象能否在行为层次得到延续，真正解决用户的诉求，同时提高产品使用效率，是行为层次来解决的问题。

（3）反思层次的设计—自我形象、个人满意、记忆

反思层次是用户长期使用所带来的感受，会受到环境、文化、教育等影响而产生不同的变化，它不同于且高于其他层次，只有在产品服务和用户之间建立起情感的纽带，通过互动让用户形成对品牌的认知，培养对品牌的忠诚度，最终让品牌成为情感的代表或者载体。

随着互联网的发展，消费者对产品满足心理需求方面提出了更高的要求，人的需求正向着情感互动层面的方向发展，在产品设计中的占比会越来越大，设计出更多满足消费者心理需求的产品，将会是市场的必然趋势，情感化设计也将变得日益普遍。

6.1 生活中的情感化设计

产品真正的价值是可以满足人们的情感需要，最重要的是建立其自我形象和其在社会中的地位需要。当这种需要成为我们日常生活的一部分时，当它加深了我们的满意度时，爱就产生了。

原研哉在他的《设计中的设计》中介绍过这样一个案例：日本机场原来是用一个圆圈和一个方块表示出入的区别，形式简单并且好用，但设计师佐藤雅彦却用一个更“温暖”的方式来重新设计了出入境的印章：入境章是一架向左的飞机，出境章则是个向右的飞机。通过一次次盖章，将这种“温暖”的情绪传递给入关和出关的旅行者们。在他们的视线与印章相交的那一刻，会将这种温暖转化为小小的惊喜。这便是产品中的细节与用户直接情感化传递的结果。

情感化设计案例

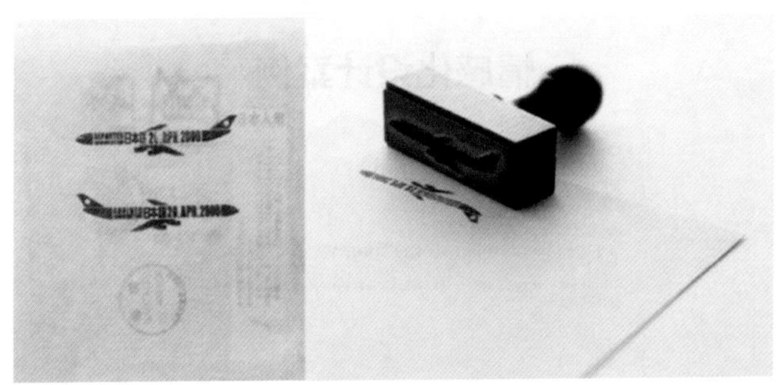

每一天都有很多来迪拜工作赚钱的东南亚工人，他们平均一天只有 6 美元的收入，可打电话给家里每分钟却要花费 0.91 美元。为了节省每一分钱，这些外来务工人员都不舍得打电话回家。所谓幸福，对他们而言，就是能听到家人的声音。了解到实际情况后，迪拜可口可乐公司联合扬罗必凯广告公司开发了一款可以用可乐瓶盖当通话费的“hello happiness”电话亭装置，把这些电话亭放到工人们生活的地区，每一个可口可乐瓶盖都可以免费换来三分钟国际通话时间。小小的一个改变，却让很多人在情感上得到满足。

如果使用 Chrome 浏览器浏览网页时恰巧碰到网络突然中断的情况，那一定会看到一只可爱的像素小恐龙，不仅画风可爱，还是可以互动的小游戏，可以按住方向键不停地向前跑并躲避障碍物来获取高分，一段简单代码写成的小游戏代替了冷冰冰的错误提示文案，让用户忘记网络中断给自己带来的不良感受。这种情感化设计拉近了用户与软件的距离，愉悦的使用体验不仅消除了负面影响，也提升了品牌好感度。

情感化设计案例

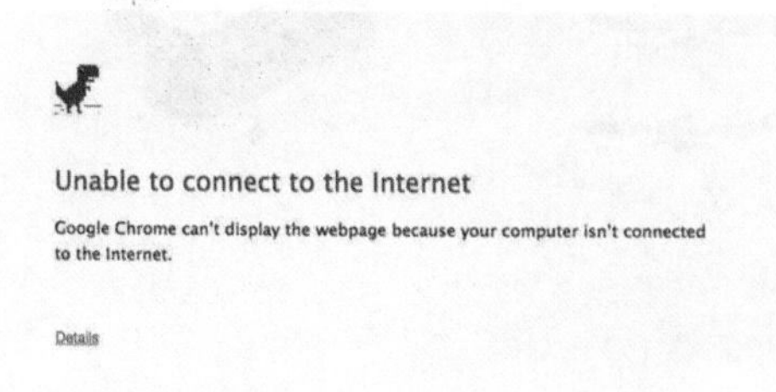

6.2　产品中的图标情感

产品中情感化的细节经常会成为产品与用户之间情感传递的桥梁，这种传递情感的细节不仅可以增加用户对产品的好感度，更可以让产品更加深入人心，利于产品口碑的传播，有时候一句文案，一个动画，一个彩蛋都可以打动用户，使其与产品产生情感上的共鸣，这便是产品细节中情感化设计的作用。

在产品体验设计中，可传递给用户情感的元素有很多，但图标设计却是不可缺少的一部分，它不仅可以传递一个 App 基础功能信息，更承载着传递用户情感的使命。所以在日常工作中，图标设计的好坏会影响用户对 App 的情感、使用效率及信任度，要建立用户对 App 的情感需求，丰富用户的使用体验，在界面中设计出富含情感化元素的图标是一个可行的方法。

情感表现在一个人的各种感情中，诸如快乐、痛苦、幸福等。不同的情感会在心理方面产生不同的态度。在设计手机界面图标时，要符合平台开发的设计规范性，也应重视人们的情绪情感。一套好的 App 图标，体现的不仅是在视觉上的美感，更有能够激发人们更加想深入了解它的情感。人们在基本需求得到满足的情况下，更关心情感上的需求和精神上的慰藉。因此，对 App 图标进行情感化设计，体现的是以用户为本的思想，可以触动用户的情感，增加使用黏性。图标的情感化创意设计可以不受界面风格的限制，目的是增强和用户沟通交流的可能性，通过情感化创意的思想，让图标表现得更加有趣，更加生动，增强用户点击图标的意愿。

设计 App 图标时应该从用户情感体验的角度出发，要考虑用户视觉感官上的舒适性，使用上的易用性，以及其使用时的情绪心理。具体来说，情感化设计这一理念在 App 图标中表现为以下两个特征：

（1）认同感

情感化图标设计在于挖掘出消费者内在的情感需求从而设计出激发消费者情感欲望的图标。用户的认同感和归属感尤为重要，获得这种认同感和归属感，需要用户对其产生共鸣。

（2）易用性

一个好的设计最基本的前提就是易用性。设计图标时，要在融入情感化设计理念的基础上，将图形、文字信息转换成直观的图形符号。

目前市面上的图标设计五花八门，各有特色。但大部分 App 采用的图标从设计手法上可以分为线性图标、面性图标、面线结合图标。

这几类图标在 App 中随处可见，但图标的设计质量却差强人意。一些 App 图标比例不协调，设计风格不统一等问题比比皆是，一方面是因为设计师不认真或者设计能力不够造成的，另一方面是因为越来越多的素材被共享到网络上，设计师通过素材网站可以很轻松地下载并使用，这让很多应用的图标趋同化变得越来越严重，没有产品特色，缺少感情融入。

6.3 情感化图标设计原则

1. 如何选择适合产品风格的图标?

图标设计原则简单的说就是让用户以最少的思考来还原现实逻辑，当我们在设计不同产品的 icon 时，选定适合自身产品 icon 的视觉风格尤为重要。那么如何选择适合的图标呢？可以从以下两点来考虑。

立意：设计之初，先进行设计立意。何为立意，就是为整个产品设定关键词。首先要了解自己的产品，这个产品是什么？做什么？有什么特色？

了解产品最基础的信息，对整个产品逻辑有了初步认知后，再进行视觉设计。

选材：立意确定后，就是确认 icon 风格，用什么风格来表达立意。

图标风格

美食类App图标　　购物类App图标　　生活类App图标

- 美食类 App，用拟物化的设计风格更能突出产品，让用户更有欲望点击。
- 购物 App，用色彩鲜艳的扁平 icon，能够勾起用户的购买欲。
- 生活类 App，扁平的线体 icon 不仅很好地突出了产品功能，而且能在有限的空间内放置更多内容，同时也不会显得拥挤。

每一款应用都有属于自己的一个标签，要在平时工作中善于总结归纳，把握每个产品的立意，之后进行设计创作就会轻松很多。

2. 图标设计的注意事项

“人们对于抽象概念或艺术性强的图像的理解能力并不差。”每个人的视觉感知能力都能让他轻易地理解一些图像所包含的意义，因此成熟的视觉感知是更有效的信息传递途径。图标设计需要注意的事项：可识别性、视觉统一、差异性。

（1）可识别性

最新的 iOS 设计原则被人们概括为：大、黑、简。在视觉的设计中，最受欢迎的颜色也确实是黑色，其次是白色。所以沿用到图标设计中，黑白图标也是在界面中被最广泛使用的。为了让图标提升界面中信息的被理解性，很多设计师也会用黑白色去设计图标，原因有两个：

1）颜色会干扰用户的理解力；

2）界面中颜色多了，会消耗用户寻找图标的时间。

因此颜色是可识别性中需要注意的一点，为了提高用户的可识别性，我们的设计更应该遵循用户习惯。切忌将图标设计得过于个性，让用户难以理解。

图标设计的可识别性

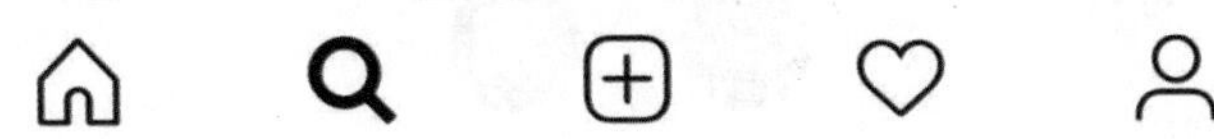

Instagram图标

Instagram 的设计就是比较典型的新风格界面，图标易于理解，且用黑色作为基调，识别性高，也易于用户理解，这也是为什么这些图标没有文字做解释的一个原因。

在图标的设计中加入一点点自己的创意更能增加产品的趣味性。上面的说明是大家在设计图标时要注意的一些细节。当然，如果是一些个性化图标，颜色也要突出。比如某些图标的颜色尽可能保持实体物质的相近色，这样才不会让用户在理解上有偏差。

（2）视觉统一

不同类型的图标有不同的特征，稍微一点变化，都会破坏整套图标的统一性。这些特征包括复杂度、形状、线条粗细等。

整体风格的统一：下图是一套足球主题图标，为了统一风格将所有线条的粗细都设置为 2px。整套图标采用了双色绘制手法，增加图标美观性。

风格统一的图标

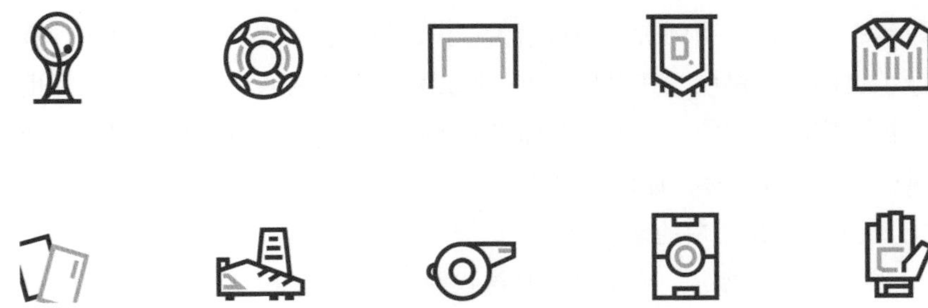

图标的大小统一：在进行图标设计的时候，我们会使用栅格辅助线但一定不要被辅助线困住，要学会灵活运用，保持视觉上的大小统一。

图标绘制大小统一

（3）差异性

设计一套图标时，要尽量放大图标之间的差异性，减弱图标之间的相似性，这是最容易被设计师忽略的一项原则，因为往往会为了保持视觉风格的统一性，使用同一元素而舍弃了各图标的差异性。

假如一套图标，长得都差不多，那用户在界面中找某个功能要花费的时间会比想象中长很多。他们会去探索图标的功能作用，看跳转的页面是否是自己想去的界面，然后再返回。你可以在设计完一套图标后，随机说出一个名词，让同事去选择是哪一个，这样可以很好地检测图标的差异性和识别性。

有人可能会误解统一性和差异性的概念，统一是图标样式及风格统一，而差异是图标与图标之间的含义要明确。

6.4　图标设计技巧

所谓图标设计，不是对照片和实物的重绘，它们带有特定的信息，所以设计师的工作是将这些信息拆分提炼，将复杂的信息通过小的象形图案清晰地表达出来，将抽象的实物转换成可识别性的图标。设计图标也有一些小技巧，掌握它可以让平常的设计工作事半功倍。

1. 使用最简单的图形

图标越小，需要展示的详细细节就越少，对设计师的能力要求也越高。相对于较大的图标而言，小图标设计应该减少一些不必要的细节，以此来提升图标的识别度，但是设计过程中需要非常小心地去掉那些不必要的元素，以免过度简化，使整体不可识别。

简单的形状可以组合成复杂的图标。我们只需要从不同的角度去观察它们，将注意力放在每一个图标是如何通过简单元素组合而成的。当然，如何通过简单的形状去表达复杂的含义不是一件容易的事情，需要不断实践，不断积累，才能得到能力的提升。比如下面的案例可以帮助大家打开图标设计的思维。

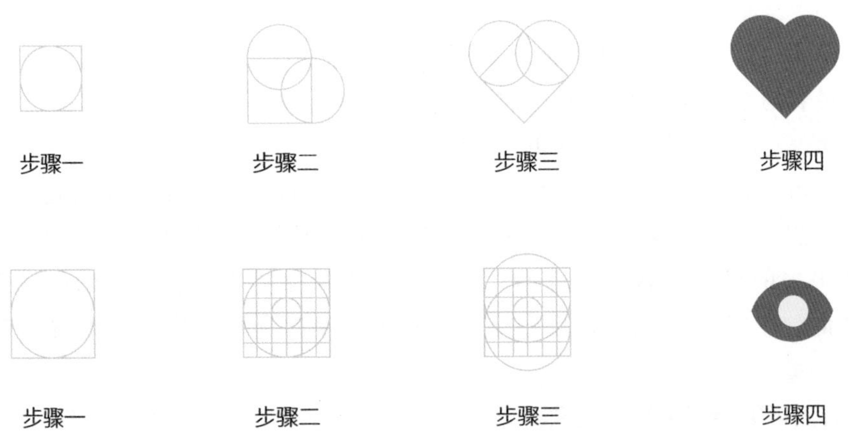

看完上面图标的绘制方法，我们可以举一反三去设计别的图标。设计过程中请记住下面的知识点：

- **关注对象所有的主要功能，划分层级，突出显示图标的关键元素。**
- **少即是多，图标不应该过度设计，简单易于识别即可。**

2. 注意比例协调及视差平衡

在设计图标时要注意图形内部元素构成之间的比例，严谨的图标需要内部统一结构线进行图形绘制和比例分配。同一个尺寸规格，根据不同形状的图标，会导致面积占比引起的视差大小不同。以下图标示例都是按照辅助框进行绘制的，按理说是准确的，但由于人的肉眼会有视差问题，可以感觉到摄像机比相机大小大了一些，所以做设计有时就要暂时抛开科学，以人的真实情况去判断再调整。

图标比例

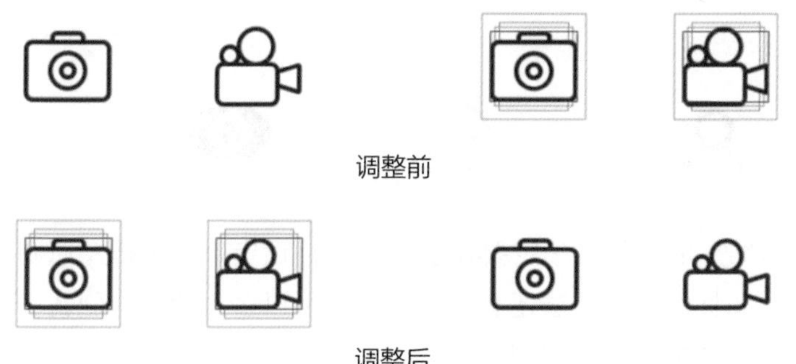

*图片来自网络

3. 尝试手绘草图

作为设计师，拥有手绘草图能力再重要不过了。设计图标前简单用笔在纸上记下你所有的想象，不仅可以提高设计师自身的图形表达力，也会使图标设计更高效。

手绘草图

*图片来自网络

4. 保持独特的风格

作为专业设计师，千万不要去网上下载几个图标直接拿来用，你会上瘾的，而且业内的人很容易就能看出来你做的图标是直接在网上下载的，比如下面这样的图标：

布尔运算绘制图标

我们在做系列图标的时候，一定要在前期给图标设定一个风格及原则，使之看起来与众不同，图标的设计方法还有很多，我们可以多去尝试与创新。平常在做图标时，一定要保证描边粗细相同、圆角相同、视觉统一等，如果这些基础的规则都没有遵循，那也就谈不上风格的统一、创新了。

5. 实时关注图标的流行趋势

作为设计师，我们要时刻关注当下流行的图标设计趋势。

图一大胆地使用了时下前卫的渐变色图标，图二利用局部颜色差异来突显图标风格，图三很好地将世界杯主题融入自己的图标中，图四很好地运用了扁平图标的概念。当然图标风格还有很多种，这就需要我们在平时使用 App 时多多留意，多多积累。

当下流行App图标风格

图一　图二　图三　图四

6.5　改版产品实战

我们团队做过一款汽车类 App 的中期改版。在改版之前，该产品的数据方面表现平平，所以想结合产品基调、新目标、前沿元素、用户反馈等方面做一次全新设计改版。我们这次体验设计的目标，是想把情感化设计融入整个产品中，如下图是旧版的图标设计风格，相比当下的前沿设计，显得有些陈旧。

旧版App图标

1. 改版前提

搜狐汽车在功能上已经更新迭代了几个版本，产品希望能在视觉上进行一次比较大的优化，让图标更美观且突出功能点，让用户使用起来更便捷。

2. 改版讨论

组内讨论时我们首先明确了改版的目的，希望能用全新的 icon 为产品功能带来“漂亮”的数据及良好的用户体验，同时希望能突出我们设计师独有的一面，把我们的灵感、创意以及对产品的理解更好地融入 icon 设计中。我们对旧版 icon 进行总结，发现以下几点问题：

1）icon 设计规则不统一；

2）用色沉闷；

3）图标辨识度不高；

4）缺少情感化元素。

依据这些视觉上的问题及明确的改版目的，我们列举了如下改动指南：

1）明确各产品模块功能，充分了解产品改版目的；

2）增加情感化设计元素，提高用户的产品认同感；

3）提高图标辨识度，帮助用户直观地认识产品及其功能；

4）图标绘制高度统一，更有“规矩”；

5）采用前沿的设计手法，用色上更加大胆，让产品充满活力和吸引力。

图标设计风格确定：设计初期，我们收集了各类设计风格的 icon，也进行了众多不同风格的尝试，虽然略显不成熟，但也为最终的成品提供了很多灵感。比如下图的图标风格尝试，我们大胆用了粗描边+渐变色块的设计风格，设计初期也得到了设计部的一致认可，但随着设计的深入，我们发现图标集中出现时，过多的渐变色会在整体上有凌乱的感觉，也会让图标风格与汽车定位不太一致，最后还是否定了这个方案。

主icon设计风格尝试

经过不断的风格尝试和自我否定之后，本着用户易接受的原则，同时为了延续版本风格，我们终于确定了主 icon 的设计风格（如下）。

主icon设计风格

3. 设计特点

明亮的颜色：区别于旧版 icon 用色沉闷的问题，改版后 icon 采用亮度较高的颜色让整个 icon 看起来更活泼。

面体 icon：采用面体 icon 的设计手法，功能辨识度上得到了很大提升。

圆角：圆角图标整风格比较亲人，使得整个 App 变得更有灵性。

4. 设计过程

整个 App 图标设计过程采用了以下特点：形象、造型、用色。

形象：顾名思义就是能够表达产品内容的意向，一个准确生动的形象，可以提升 icon 的可识别性，正确传达给用户信息，同时也符合用户行为习惯。因为我们是做汽车相关的 App，所以会涉及很多车的 icon，如何在形象统一的基础上更好地将信息传达给用户，为此我们做了很多尝试。

车型icon设计风格尝试（一）

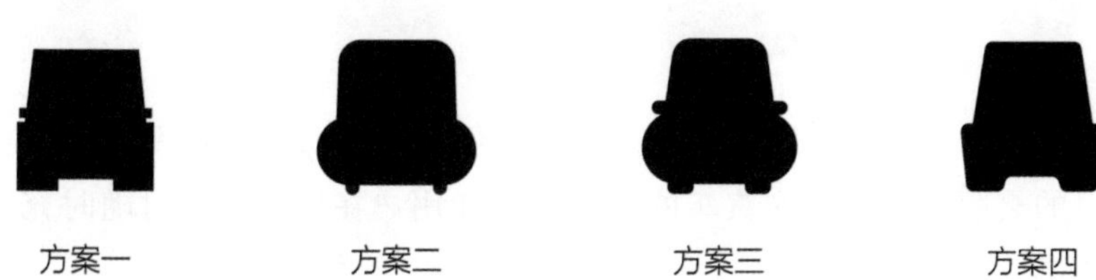

如上图我们尝试了四种方案，方案一的汽车剪影过于庄重，方案二和方案三的汽车又过于可爱，方案四在方形的基础上加入了适当的圆角弧度，使图标看起来更协调，同时此形象也能更好地复用在其他模块，使得 App 图标整体更统一。

车型icon设计风格尝试（二）

造型：造型是 icon 设计的筋骨，就好像筋骨决定一个人是健康的还是有缺陷的，一个 icon 有没有美感很大程度就取决于造型是否优美和谐。

“首页”图标设计方案

首页图标外轮廓及内部形状圆角大小对整体效果都会造成影响，一个合适的

icon需要不停地调整和考量。

视觉统一及趣味性

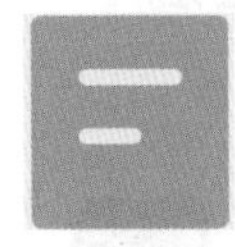

视觉统一后，情感化同样不能忽略，我们在改版时特意把图标做得更有意思，开口的笑脸，模拟真实汽车的方向盘，让用户在使用产品时随时充满喜悦感。

用色：主色以搜狐汽车logo色为基础，明度纯度上进行一些调整，用明亮的颜色给用户带来愉快的感受。

图标用色

LOGO色 ICON用色

每一次图标设计都是一次挑战，要表意明确更要注重美感，风格上还要尽量独树一帜。统一性、差异性、识别性、趣味性，缺一不可。设计的过程也是一个不断挖坑和填坑的过程，要经过反复思考和打磨，才能呈现出预想中的效果。

情感化的图标设计虽然并不是什么新鲜内容，但是它影响着用户体验设计的方方面面，界面中使用的所有图标都应该有目的性。本文只是很表面地与大家探讨了如何将情感化设计融入图标设计中，并使图标的亲和力更强。若想要更深入了解情感化图标设计，那么作为设计师的你，需要做的事情还有很多，所需的思考也要越来越深入。望你们设计的每一枚icon都像小精灵一样充满活力。

7

第 7 章

列表设计

◎杨茜茜

本章主要讲述对于列表设计的思考，列表是界面设计中最常见的信息表达形式，应用非常广泛。为什么使用列表，究竟要解决什么问题？根据业务需求和实际用户场景，主要表现在列表的信息组织与操作引导方式不同，可分为功能列表、内容列表与交互模式等类型。在本节的最后，我们会详细分析列表的一些设计细节，从形式到细节总体阐述列表设计。

7.1 为什么要使用列表

要探究列表设计，我们首先需要认清列表的本质，列表的样式有各种各样，承载各种信息，但是对于大多数产品来说，其实列表只是一个任务的转场衔接，用户最终目标并不是停留在列表页，例如下图电商列表是商品图片与价格的展示，便于用户筛选找到目标点；"我的"功能列表页面是图标和名称的展示，让用户快速识别找到功能；最后一个文章列表页是标题和图片的展示，帮助用户找到感兴趣的内容。

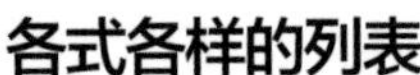

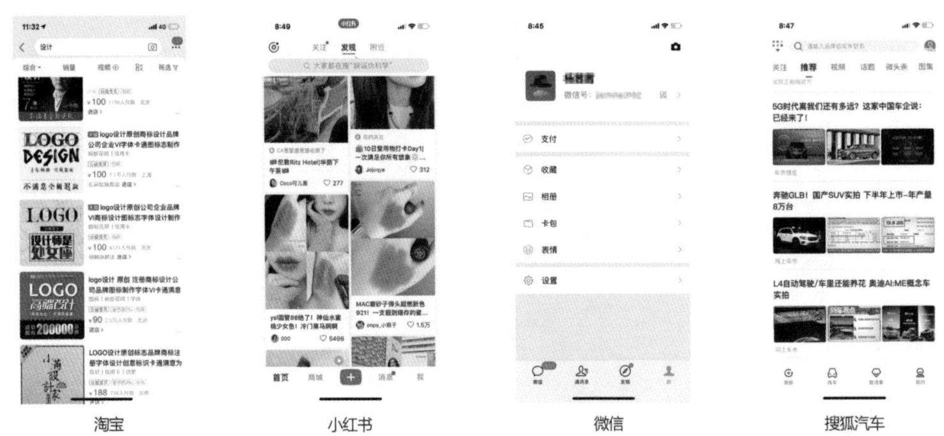

所以在设计列表时不要被表面的设计样式迷惑，列表信息是一系列图文信息和操作引导的组合，是为了帮助用户快速找到感兴趣的信息并引导进入下一步的操作，在设计中，可根据实际需求缩减、调整。

列表的本质

列表本质

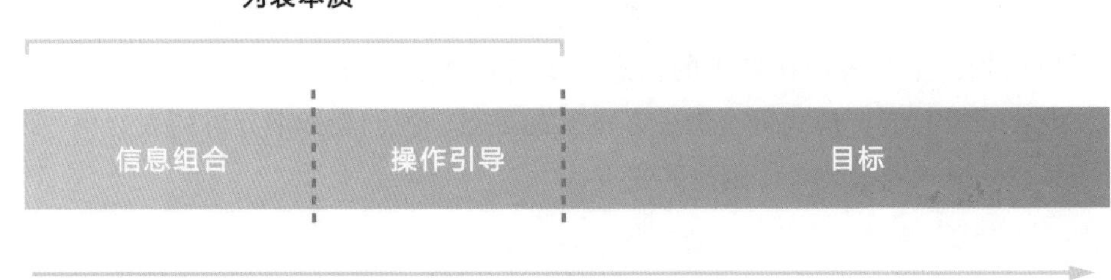

所以总结起来，列表的本质其实是为用户提供一系列同类信息展示，通过有效的信息组织，帮助用户快速找到感兴趣的信息并操作引导进入具体内容。

7.2 列表类型

7.2.1 功能列表

图标加文字的列表样式最符合列表的本质样式，即图文信息＋操作引导。图标式列表大多在二级功能处使用，例如 App 中的个人中心页，iPhone 手机的设置页等。

功能列表

iPhone设置　　京东金融　　微信个人中心

一般来说，人们对图形、颜色、方位等信息的识别速度高于文字内容。对于一个新用户，当用户刚开始使用这个功能的时候会去读文字。但当用户已经很熟悉这个功能的时候，他会将文字及其对应的视觉元素关联起来，不需要读文字，而是点击图形对应的按钮。当图形能够直观快速地表现功能时自然要比单纯文字更加易于让用户接受。

图标的使用是把双刃剑，图形可吸引用户注意力，但图标使用更慎重，因为简单的图形并不容易表达含义复杂的复合词语，这也是在更深层级的列表中很少使用图标的原因。图标使用不当更容易适得其反，对用户视线产生干扰，影响效率。如果图标无法做到直观快速地表现功能时，那么它在这里就没有存在的价值。生疏的功能对于用户来说是陌生的，需要用户慢慢接受图标样式，存在一定学习成本。

这种图标式列表在信息架构上也是很容易扩展的，它可以毫无压力地增加副标题也就是说明行文字，例如上图京东金融的列表。但是图标与说明性文字都是辅助功能入口的，说明性文字在视觉上要弱于功能名称，要控制好信息层级和字数，一切服务于内容。

7.2.2　内容列表

1. 图文列表

（1）普通图文列表

图文纵向列表是最常见的布局样式，我们看新闻类 App，多是图文列表样式。

图文列表

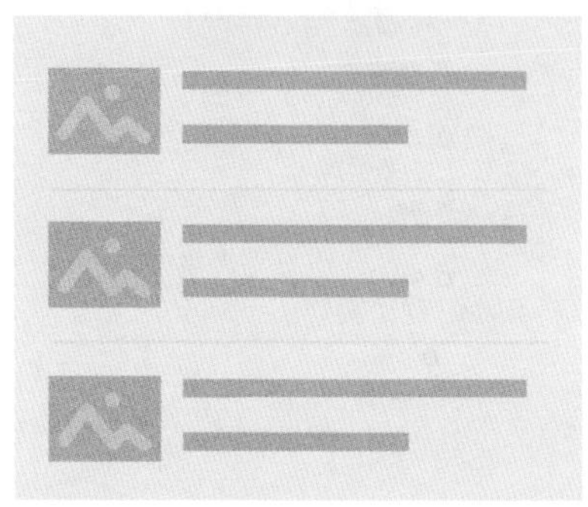

图文列表在内容获取的数量和效率上占有很大优势。当我们浏览新闻时想得到什么？大部分人一方面想要知道最近发生的一些事情，这是量的需求；另一方面，想找到感兴趣的新闻了解具体内容，这是深度阅读的需求。而量的需求往往具有先行性，深度阅读是在其后的。基于这样的需求，用户在浏览新闻时候的行为模式大概如下：快速大量浏览→选择→深度阅读→快速大量浏览，图文列表的布局的优点是数量和效率，在较小的屏幕中显示多条信息，上下滑动就可以获得大量信息。因此，用户需要高效阅读时使用图文列表更为合适。

图文列表多为呈现同质化的内容，这种高度一致性的展示形式，便于用户纵向对比进行筛选和判断，是用户想要高效聚焦情境下的合理形式。例如淘宝的商品搜索页是使用图文列表，纵向对比图片、价格、是否包邮等信息，帮助用户快速找到商品目标。

可拓展的设计样式，在设计样式上，列表设计可以展示较长内容的标题，更多次级的内容，例如各大外卖平台的列表，扩展了丰富内容。但是可扩展性也要有限度，表面上比较考验设计师对信息层级的设计排版，但是信息太多不利于用户对一致性信息的对比，反而影响用户判断速度。

当然图文列表也有一些缺点，同级内容过于相似，文字描述一般多于缩略图，相比卡片式列表更容易使用户产生视觉疲劳，使后方列表容易被忽视。

可扩展性的列表

美团外卖

（2）双卡图文列表

双卡的布局形式，比较常见于视觉导向为主的 App，用户大多通过对比图片做决定，例如，花瓣与 Pinterest、小红书和大众点评 10.0 的改版的 feed 流都使用双卡列表。

图文列表

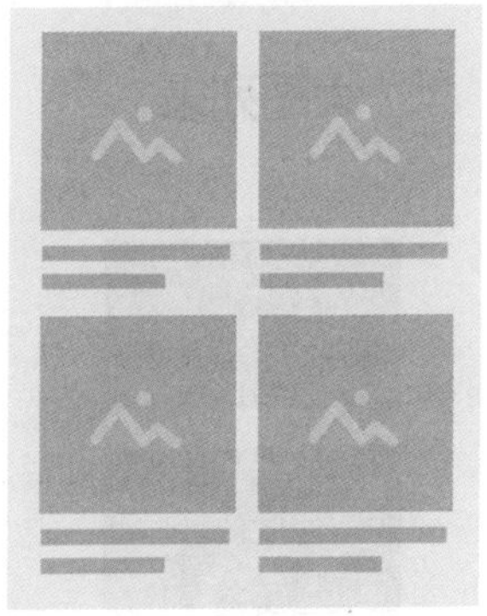

双卡列表的浏览模式是上下左右跳动的“Z”型视觉流，不便于用户聚焦关键信息纵向对比，很容易消磨用户的耐性，无法长时间处于沉浸状态，而且用户浏览模式是跳跃式浏览图片，这样容易错过一些内容。

“Z”型视觉流

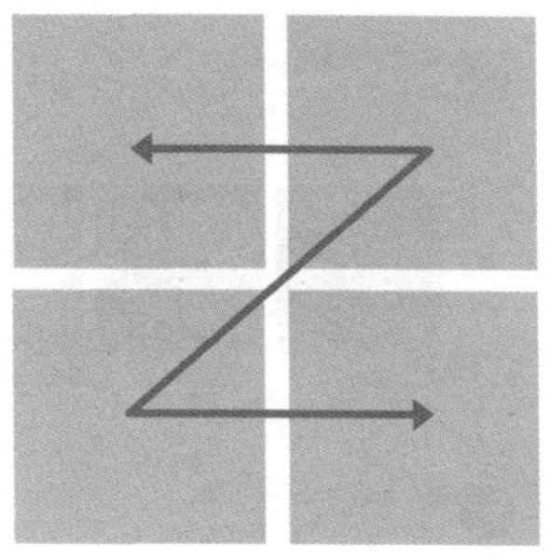

例如淘宝付款完成后的商品推荐就使用双卡列表展示，用户此时没有明确的目的，利用大数据分析，个性化推荐用户可能感兴趣的商品，靠大图片吸引用户点击，增加转化率。这就展示了纵向图文列表与双卡列表的使用情境区别，所以双卡列表样式不适合用户有明确目的的浏览情景，在功能上都会有列表与宫格设计的切换按钮，支持用户浏览方式的自主性，而且更方便用户读取信息。

（3）大图列表

这种列表是 Airbnb 改版后随之流行起来的一种新的设计趋势，主要应用在以图片为主的产品上，去除界面中的卡片与分割线，用图片和留白来区分内容。这样对图片的要求也会很高，用户上传的图片会受到限制，比如 Instagram，发布图片前，用户被强制对图片进行正方形截取，才能保证图片在 feed 流里的宽度，撑满全屏，从而看起来很整体。但是大图这种展示方式也带来了弊端，截图列表模

大图列表

Instagram

UC 头条

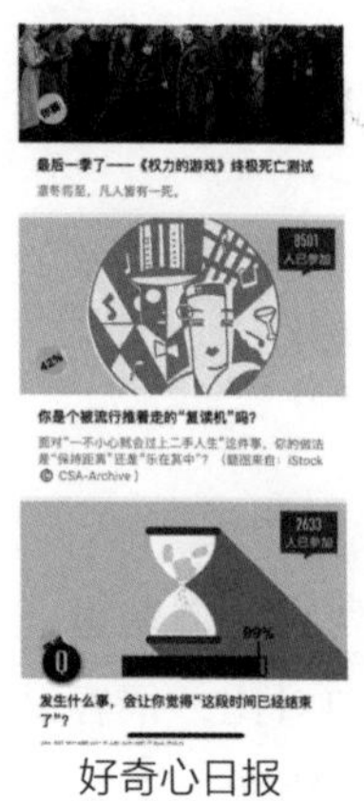

好奇心日报

糊不清，当用户图片质量不高时，反而会放大列表模糊的缺点。去除了多余的分割线，界面留白间距使用不恰当，就会出现像图中“好奇心日报”的界面，分不清内容的归属，使用户阅读信息分组混乱。

使用大图列表要确保功能内容简单，内容有规律的，如 Airbnb 采用的大图设计，原因是它们的信息元素很统一、重复，才给人营造出比较整体的感觉。同时，合理运用大标题也起到关键性作用。这种大图设计更适合界面元素简洁，小众且垂直的产品，如果是像微博、淘宝、微信等体量的产品，用户群体广，内容繁杂且层级较深，那就需要使用信息呈现更有效率的卡片设计，无框设计可能就不太适合了，这就是卡片与大图列表的使用区别。

总而言之，图文列表、双卡列表、大图列表在使用上有很大区别。功能上，按图像信息对用户的重要程度，依次是图文、双卡、大图，图像区域更容易影响用户挑选信息；图片越大，用户就越容易进入沉浸式阅读，所以适用于图片导向类列表。如果在浏览时更关注效率，而且需要频繁对比信息，那就需要图文列表样式展示。总之，关注于功能场景，选择更符合自己产品定位和内容传达的表现形式。

2. 卡片列表

从 Google 推出卡片式设计后，它就被越来越多地运用到界面设计中，这种布局常见于微博、Facebook 等社交类 App，Google 将其称为“Inside Out Design (由内而外式)”，它是以内容优先，框架向内容妥协的设计。而卡片式设计的本质，是更好地处理信息集合。

大卡列表

马蜂窝旅游

Airbnb

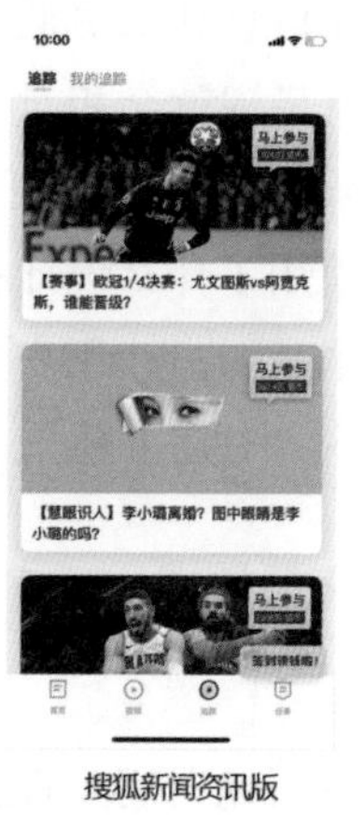

搜狐新闻资讯版

微博

（1）设计统一性

卡片就像一个容器，把不同维度的信息放在各个卡片中，它们在内容区分的同时还能保持是一个整体，界面也不会显得混乱。卡片有着天然的“归类”效果，不同大小、方向的卡片很自然地归结为同一种逻辑类型。例如“买车宝典”就把不同的信息归类到各个卡片中，又集合成了整个界面，并不会让人感觉突兀，比起传统列表项 + 分割线 + 标题的视觉效果要高很多，显得更有秩序。

（2）可拓展性

卡片式设计的特点在于，每张卡片的内容和形式都可以相互独立，互不干扰，所以可以在同一个页面中出现不同的卡片承载不同的内容。而由于每张卡片都是独立存在的，其信息量可以相对列表更加丰富，而且可以让用户对其进行评论、点赞等操作，省去了跳转到详情页面的步骤。而且卡片视觉立体的特点，暗示了可以配合用户更多的手势操作，可以堆叠、覆盖、移动、划去，或者翻转，这样就极大拓展了一个内容块的视觉深度和可操作性。

（3）响应式设计

卡片样式广受欢迎的原因就是它的响应式，能够同时适用于 PC 端和移动端。它对于移动端有着良好的兼容性，使用这种设计我们可以将图片、文本等整合到卡片中，而这些卡片有灵活的高度和宽度，可以根据屏幕的尺寸，快速重组网站的内容元素，在大屏幕上是横直的，在小屏幕显示垂直。由于卡片的信息很多，在小屏幕上并不能显示多个卡片，占空间大，而且卡片的分界反而浪费空间。

下面总结一下平铺列表与卡片列表的使用区别，卡片列表有许多优点，如上文中提到的保持设计统一型、内容可扩展与响应式设计，但是如果不分业务需求而滥用卡片样式，会使信息获取更低效，当用户需要快速浏览、接收比较紧凑的信息时，卡片式的信息呈现就会相对列表式低效，比如对于一些新闻或数据类的网站来说，列表式的设计方式可能更加紧凑高效，更能够满足用户的基本需求。用户甚至不会察觉你使用了什么设计样式，界面对他们来说只是搜索信息的工具罢了，卡片化趋势越来越弱，让用户更多关注到内容才是王道，所以在网站中使用卡片式设计还是应该“对症下药”，三思而后行。

7.2.3 列表浏览的交互模式

1. 瀑布流与分页加载交互分析

瀑布流就是源源不断地向用户提供信息，就像流水一样，有水源供给，流水就不会断。“feed”单词是喂养的意思，这里指对用户进行个性化推荐，用户对什么感兴趣就推荐什么，这也是瀑布流与 feed 流的区别。

微博、知乎、今日头条、微信朋友圈……这些社交和资讯类列表都使用了瀑布流呈现，例如大众点评最新改版的推荐板块，使用与小红书相似的瀑布流展示。移动端一屏显示的东西不多，在这种情况下，瀑布流的显示是具有更大优势的。只要手指不断地滑动页面，就可以获得源源不断的海量内容，对于用户来说这是一个超简单高效的了解内容的方式。这些滚动操作比点击试用更加轻松，让用户无负担地沉浸在瀑布流体验当中。它是当前留住用户、增加用户时长且被验证最有效的模式，这种模式的关键在于推荐机制的设计，需要大量的优质 UGC 内容作为基础，用最快的速度把最火爆和最匹配用户需求的信息推到用户面前，当然这也很容易占用我们的时间。

瀑布流

瀑布流的流畅体验与海量匹配用户信息的优点更适用于没有明确目的的用户，以休闲娱乐为主的社交型产品，feed 流的推荐都是模糊匹配的结果，广阔撒网为用户找到感兴趣的内容，再根据用户点击行为推荐更多匹配信息，留住用户。一般情况下，瀑布流的体验更适合用户去消费图片，因为图形化的信息一般占用空间比较大，大脑对图形理解比较快，瀑布流的自动加载会引导用户查看更多内容，让用户沉浸在图形化的世界中。但是用户长时间使用这种浏览方式会导致思维疲倦，需要更多更优质的 UGC 内容维持用户的注意力。为了延迟用户的疲劳感，有一个瀑布流的变形，就是先自动加载 2 ～ 3 页之后增加一个点击加载更多的按键，给用户短暂的停顿和休息时间。

但是瀑布流形式也有缺点，它的搜索和定位不方便，一旦用户离开页面，再次打开时要重新找到自己上次的内容会比较麻烦，不能快速定位，已经翻过的内容只能默认对用户无关紧要了。同时，瀑布流的浏览方式对设备的性能和网速的要求也比较高，如果达不到要求，瀑布流的显示会有延迟，之前的优点就都不复存在了。

2. 分页加载

与瀑布流相反的交互模式就是分页加载（Pagination），例如百度搜索结果分页和 Dribbble 的下一页体验。分页加载大多用于 PC 端，如社交资讯类网站。分页加载的优势在于可以将大篇幅的内容分成小块，便于用户定位和回找。用户对所浏览的内容有清楚的预期，自己所要浏览的内容到底有多少、离首页或终点的距离，不容易迷失，而且可以快速地跳过一些不想看的信息。分页的信息展示更适合目的性较强的用户，知道自己想要搜索的信息，信息关联性强方便定位找回之前的相关信息。

分页加载

百度分页　　Dribbble分页

翻页的间隙，还可以给用户提供短暂的停顿和休息时间，缓解大脑的认知负担和疲劳感。所以内容复杂有认知负担的信息更适合分页展示。但翻页这个体验也有缺点，就是容易流失用户，会轻微打断用户思维，从浏览的体验中抽离出来，点击下一页后，还需要等待内容加载，所以翻页控件的体验和加载速度就是留住用户的关键。

3. 水平滚动交互

现在的内容太丰富了，许多 App 中都加入了水平列表来增加内容的曝光率，相对传统列表横向滑动的内容区域增加了空间利用率，减少用户到达内容的路径长度，更适合移动端横向和竖向的手势操作，动态的、线性的浏览方式使用户浏览更加流畅，用户体验更好。

水平滚动列表

自如

马蜂窝旅行

美团外卖

当用户打开 App 后，第一件事是不自觉地向下滑动。以至于横向列表内容就很容易被忽略，所以不要在横向展示上放太多列表。而且在显示滑动上，横向列表感觉有头，对于用户有一个大概的内容预期，总有一种拉到底的冲动。但是如果横向列表设计成瀑布流一样无限加载，越密集高质量内容的瀑布流呈现、浏览者产生疲劳的速度会越快，一般横向放置 5 ～ 8 个列表组是合理的。

相比水平滚动列表，垂直滚动是最自然和最快速的。垂直滚动让用户浏览内容更加高效。因此，在所有的屏幕上使用垂直网格是有意义的。

7.3　使用列表时遇到的问题

7.3.1　缩略图

图片是列表中最常见的，它对于一个应用如同一个人的衣着品味，影响着用户的视觉体验，不仅要在图片质量上用力，还要考虑其他设计关键点，例如要不要缩略图、图片左右分布差异、图片比例与一致性等细节。

缩略图的位置

缩略图位置

A

B

C

（1）图片靠左对齐

很多电商平台都是左图右文的列表排布，因为图片相对文字表达的信息，能够更直观地了解到商品的信息，帮助用户更快地找到想要的商品，这也与我们实体店购物体验的情景一致，先被商品实物、包装吸引，再根据标签上的价格等最终决定是否购买。

电商美食列表经常放一些看起来很有诱惑力的图片靠左对齐，用图片内容引发用户兴趣，提高转化率。例如点外卖本来不知道要吃什么，但是打开美食类目的列表流，用户首先被图片吸引，激发了食欲，然后再通过价格、用户评分等信息来决定要不要选择该商家。

这里并不是说图片比文字更重要，而是说用户更容易从图片中获取到信息，图片对用户的影响更大，有帮助用户抉择的作用。

（2）图片靠右对齐

左文右图大部分被用在新闻阅读类的应用中，它们主要是以文案为主，图片的重要性次于文本，只是辅助用户理解。图片信息的理解因人而异，很难通过图片传达一致的信息给不同的用户，不同的文化背景的用户对图片有自己的理解导致对信息的理解偏差，如果新闻类图片放在前面，用户很难准确地从图片信息分析文章内容，如下图。

对图片信息理解偏差

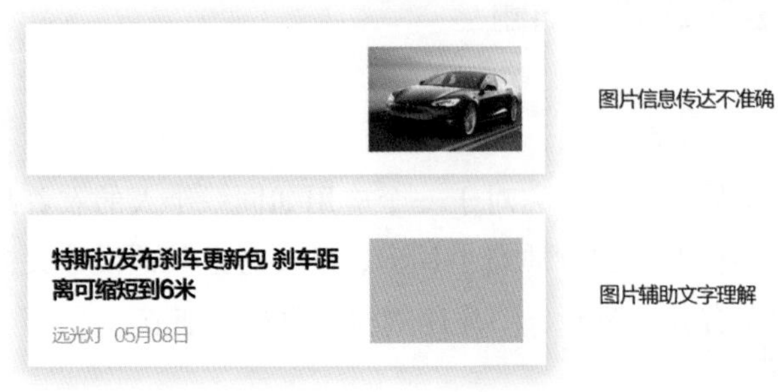

新闻具有即时性，消息会比图片传递的更快，有时消息已经铺天盖地，但是图片还没有补上，左文右图就会弥补这种尴尬。我们再来思考一个场景，当你在地铁上看资讯流时，由于信号不稳定，图片加载不出来，但依旧不会影响用户阅读，用户的关注点是内容本身，图片只是做到丰富内容，辅助用户很好地理解内容，所以大部分资讯类热点新闻信息流都采用左文右图的样式。比如新闻类应用——今日头条、腾讯新闻、36kr 等，以及知识类应用——知乎、人人都是产品经理等。

用下图判断如何安排缩略图位置：

缩略图位置判断

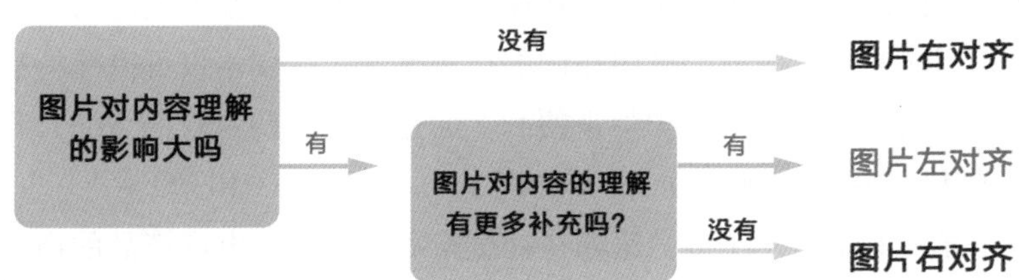

（3）多图展示

多维度展示图片使列表内容表达的更全面，让用户更加理解列表内容。而且多张图很大程度上能吸引用户注意，展示更重要的内容，适合图片类新闻。但是当全屏都是多图列表流，会给用户太多阅读负担，所以多图展示经常与前文中图 A、B 其中一种列表样式配合使用，页面每隔三个标准的列表流时增加一个多图资讯内容为一个单元结构进行复用，在视觉上丰富了页面内容呈现，使用户保持阅读的节奏感。

缩略图位置

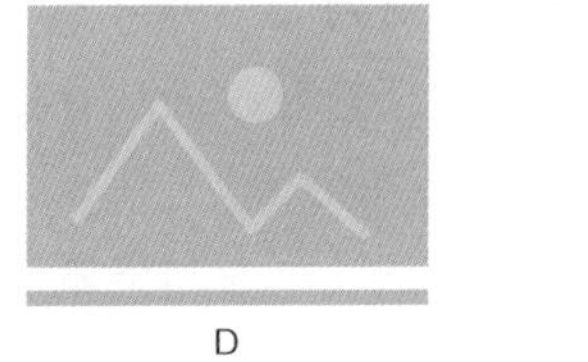
D

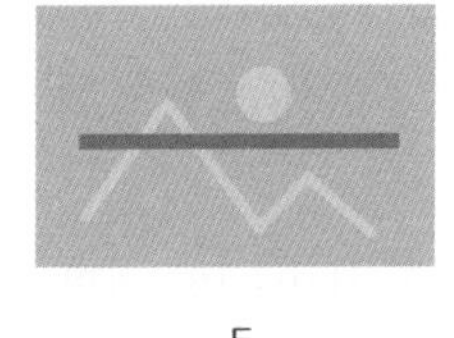
E

（4）图片放在上方

如上图 D 样式，此时图片的重要程度比放在左侧还要高的多，基本每条文字的主要信息都靠配图来呈现，靠配图吸引用户，文字仅起到辅助作用。这种处理方式主要利用在视频网站、图片社交、部分购物网站、旅游网站上。

（5）图片作为背景

如上图 E 样式，图片作为背景，可以加强其沉浸感，充分利用图片唤起用户的想象，常用于旅游产品中。

总体来说，列表的设计要根据平台定位和用户需求实际考量，确定缩略图的功能层级，理想的缩略图位置就很容易决定。

7.3.2 缩略图的比例

不同比例的图片所传达的信息主体不尽相同，根据产品属性我们会选择与之相符的图片比例进行整体框架布局。在保障视觉效果与交互形式的情况下，相同的主体，在不同的页面中最好采用相同的比例呈现，这样不仅可以保持视觉表达的一致性，也能给后期运营维护带来便利。通过体验一些主流的 App，我们会发现一些比较常用的图片比例，如 1：1、4：3、16：9、16：10 等；

1：1　强调主体的存在感，比如在社交产品的头像、电商产品的商品等中尤为常见。

4：3　图像紧凑、更易构图，大部分 App 都采用这个图片比例，我们的产品搜狐汽车也是保持 4：3 的图片比例。

16：9　图片比例可以呈现电影场景般的效果，多用于横向构图，是应用非常广泛的尺寸比例，能给用户一种视野开阔的体验，在很多影视娱乐类 App 设计中运用广泛。

16：10　黄金比例，但是慢慢被 16：9 的图片比例取代。

7.3.3 信息布局

信息时代，内容为王。但是信息的层级与布局对列表至关重要，就像人的骨骼，骨骼决定了形体的最终展现。列表信息条的框架搭好，表达好信息层级，引导用户的关注点。

不同的产品有不同的侧重，这个很容易理解，例如电商与资讯流的差别。同一类产品又有不同的展示样式，大家经常讲的是熟人社交的微信与大 V 信息的微博，二者同样是社交信息流，信息等层级就不同。同一个产品里面的不同模块也会有不同的展示样式，这与各自产品运营定位的方向有直接关系。例如下图所示。

层级表现

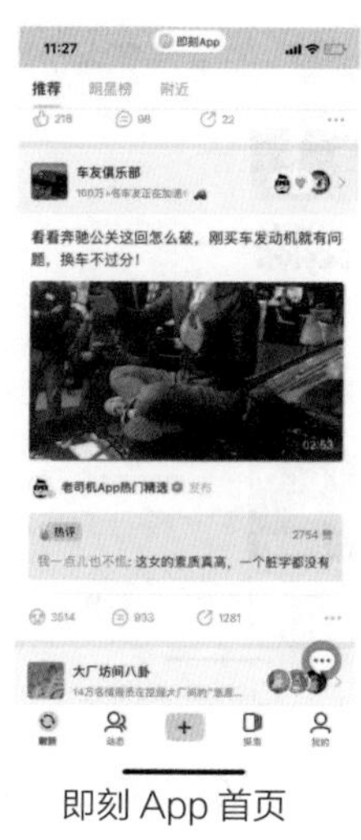

即刻 App 首页

即刻 App 动态

即刻 App 的首页与动态页的信息结构，是同样内容的信息，但是展示样式却不一样。首页更突出标签，弱化发布者。标签作为首页的视觉卯点，提炼信息的精华，让用户一眼就能了解这条信息的内容，有一个心理预期，如果不是我感兴趣的就可以快速滑过；还有一个运营方向的定位，对于年轻用户，在非熟人社交的情况下，什么才能吸引用户不停地刷？抓取年轻人的话题点，所以即刻在首页突出标签，让用户关注标签。在设计上，标签在列表流中的层级很高，并且做成按钮可点击样式，引导用户点击话题详情页。同样的道理分析动态页，例如微信朋友圈，是什么人发布了什么动态，第一视觉是人，第二视觉才是内容，所以列表流的信息层级需要服务于各自产品运营的方向。

信息位置的摆放影响用户的视线，例如下图两个商品列表，价格摆放的位置不同，导致用户浏览列表的视线不同，浏览疲劳度对用户存留时间有很大影响。左图马蜂窝的酒店列表，酒店信息与价格成“Z”型阅读模式，用户的眼睛一直是跳跃阅读，这样阅读相对“F”视觉流更容易有疲劳感，使用户放弃浏览。再例如右图淘宝统一价格位置放在左面，而且图片比文字更能吸引用户的注意，所以当价格距离图片越近时，这种垂直的阅读方式会更节约阅读成本，符合费茨（Fitts）定律的“当前位置离目标位置越近，需要的时间越短”。在大部分列表信息中，最顶、最左的区域关注性最多，所以要注意保持重要信息从左到右、从上到下成“F”型布局。

列表视觉流的影响

“Z”视觉流　携程　　　“F”视觉流　淘宝

格式塔原理之接近法则，即将相似的、有关联的信息尽量摆在一起，让用户在潜意识里就知道在哪里能找到自己想要的信息。

例如下图两个车型列表，首付和月供对于贷款购车都很重要，看完首付后用户就会考虑月供是否合适，列表 A 把关联性很大的信息分开放，而且信息的层级设计区别也很大，这会给用户带来理解上的小困惑。列表 B 把首付与月供信息放在一起，这就符合格式塔原理，将相似的、有关联的信息尽量摆在一起。

信息对关联性

相关信息对关联弱

接近原则

做一些需求，经常会遇到一些信息内容不知如何摆放的情况，此时可以根据就近原则进行分组，分好信息层级。列表 B 的信息层级也是值得我们学习的：所有信息成“F”型布局，信息分为标题组、车况、价格，三组信息的内容对比度大，突出重要信息，也分好了信息层级。

7.3.4　对齐间距

列表设计时，风格、字体、配图一直很受大家的重视，但是间距的使用经常会被我们忽略。以前的界面设计，为了商业目的显示尽可能多的内容，间距小且没有足够的“留白”。2017 年“大字号、大留白”的设计趋势才流行开来。关于间距，首先我们要明白为什么要使用间距。间距的使用有很多作用，可以吸引用户注意力、提升内容的可读性，阐述元素之间的关系。其实简单来说，合理地使用间距，可以提升内容的可读性，阐述元素之间的关系，将信息视觉分组以便用户理解。

列表中的间距分为列表组与组之间的间距（组外间距）、单个列表组信息内的间距（组内间距），如下左图，红色区域属于组外间距，蓝色区域属于组内间距。为了更好地进行信息视觉分组，一般组外间距都会大于组内间距。如果我们设计时让组内与组外间距差不多，用户在理解信息时会把距离相近的归位一组，这种间距不利于用户视觉分组，不便于用户理解。最明显的就是大图列表与文字间距，如上文中提到的好奇心日报，列表文字距离组内和组外一样大，用户不知道下面的文字介绍是属于上面这个图还是下面这个图，容易引起误导。

信息组间距

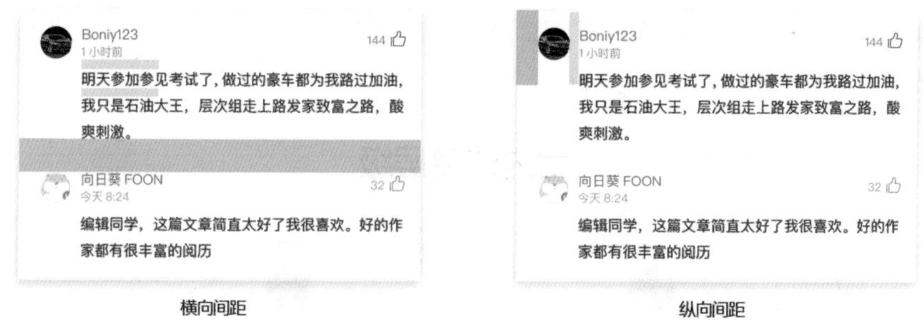

横向间距　　纵向间距

上图右面列表纵向间距，我们大都注重横向的间距留白，会忽略这里的间距，蓝色的组内间距要小于等于红色组外间距，这不仅局限于头像与文字，其他列表的图片与文字的距离与边框距离都是同样道理。

组内信息层级

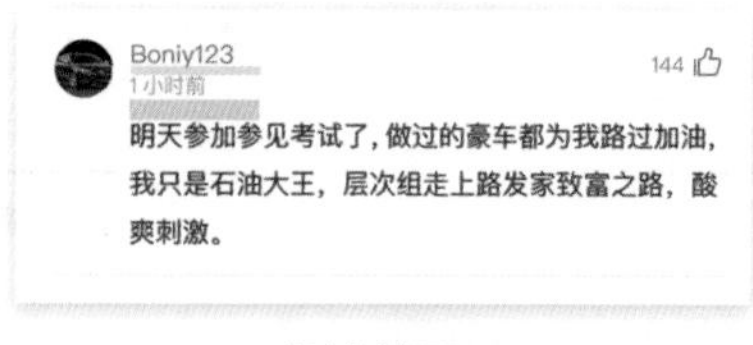

组内信息间距

从信息层级的角度来说，级别越高的内容间距越大。观察下图列表条目，我们可以发现其实组内间距是不同的，组内的间距也会根据信息层级二次区分，组内的间距并不是都一样的。

如今，打开手机会发现大留白、大间距的应用很多，但是间距留白也是要慎重使用的。如果你通过放大间距来完成信息层级的区分，那么会出现大量的留白，整个界面也会显得特别清爽。但是页面留白越多，意味着页面的长度势必会增加，用户需要更多的滑动去得到自己想要的内容。

7.3.5 分割线

分割线是列表必不可少的元素，它有区分信息层级与组织、界面装饰的作用，分隔信息层级为用户减少视觉压力，帮助用户理解内容。分割线大部分使用在同级、同纬度的内容中，它的分隔强度比上文说的间距强却比卡片分隔弱。分割线设计细节在列表中容易被忽略，根据界面配色的不同，我们在分割线色彩的选择上面也要做出相应的调整。而且分割线的色值有越来越弱的趋势，甚至去分割线的倾向。例如下图的微信读书个人主页，去掉分割线用户还是能够通过间距来很好地区分内容，而且界面更加简洁，更具透气感，减少分割线对主要内容的视觉分散，引导用户关注核心信息。

组内信息层级

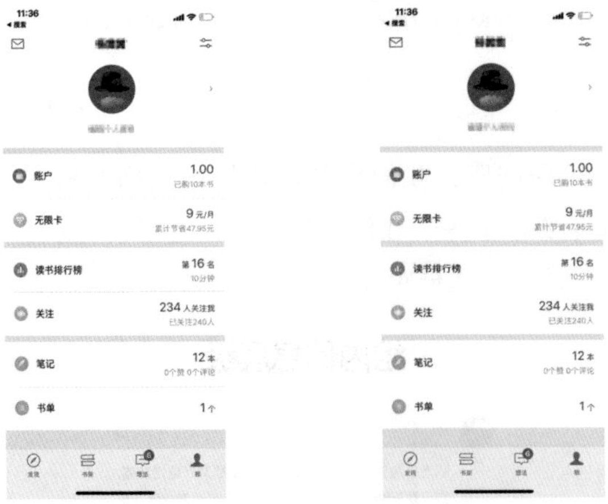

有分割线　　纵向间距

总结来看，界面的分割线有三种样式：

1. 全贯通分割线

在界面中没有缺口，左右贯通页面的线叫作全贯通分割线，一般为了区分更具独立性的内容信息。例如微信“朋友圈”、知乎的“想法”feed 流里面都使用了全贯通分割线，这些 UGC 产出页每条列表中都有可能涵盖很多内容，例如文字、视频、歌曲或图片等，列表需要承载的样式多种多样，其实用户看这种页面的时候视觉压力是比较大的，所以每个模块之间的大间隔加上全贯通的分割，让信息分隔得更明显，更具独立性。甚至有时会使用卡片样式进行分隔，脉脉的动态发现页就是采用小于 10px 的卡片区分的，可以说全贯通分割线是更弱的卡片。

贯通分割线

微信

2. 不贯通分割线

不贯通分割线是内嵌在界面中的，来区分同一纬度下的相关内容，相对于全贯通分割线显得信息更有联系性，例如网易云音乐的“我的音乐”界面，用内嵌的分割线分割三组内容，在第一个模块里，本地音乐、最近播放、我的电台、我的收藏都与我的行为操作有关，强调它们是一个整体，具有联系性。

不贯通分割线

网易云音乐

从另一个信息层级上分析，使用不贯通分割线的表示层级的从属关系，例如下图中A使用全贯通分割线，B使用内嵌分割线表示是A的子集。多用在商品、文章同类信息列表展示，目的是为了让用户浏览大量相关内容时更加高效。

内容的从属关系

A

B

B

B

A

3. 左右断开分割线

还有一种样式是左右两侧全断开的分割线，它是不贯通分割线演变的样式，是一种使用的趋势。但这样会有一个疑问，从视觉上左右断开的分割使界面更加通透简洁，为什么右边一定要贯通？这里就要说到两种分割线体验上的区别，左侧断开的设计样式是沿用了iPhone的列表设计规范，用户习惯了点击右侧箭头钮进入下一个详情页，几乎所有的App都沿用了这种设计。后来列表页延伸到没有箭头也明白点击进入，为什么呢？例如下图A、B两种列表的设计样式。

不贯通分割线对两种样式

"A"样式　　"B"样式

右侧贯通是暗示了有延续性内容，引导点击内容详情页。B的列表布局更像是内容呈现，图形暗示上显示没有更多的操作。

所以不能盲目地追求设计趋势，不同分割线表示的语义不同，要根据功能情景酌情使用。

列表设计虽然不起眼，但是这其中有许多知识，上述总结了列表的本质、列表设计样式、信息布局与操作引导，从形式到设计细节使列表设计更加清晰，帮助我们在实际项目中，通过产品营运的定位方向与实际用户场景出发，使用最合适的设计表达。对于列表设计还有许多内容没有表达，希望我们一起去探索。设计服务于人，作为设计师做东西的时候一定要“较真”，在设计过程中，你在做任何决定前都要问自己为什么，多思考，做到有的放矢，好的设计不能有任何随意性，关注每个设计的细节，在设计过程中的用心和精确可以表现出对消费者的尊重。

8

第 8 章 轻量化设计

◎钟秀、王婷宇

每个用户的痛点都是机会，在移动互联网上半场，找到了用户的痛点就找到了打开市场的钥匙，切入点找不到所有战略都是空气，每一个痛点都能造就一款产品。大量显而易见的痛点等待着解决，一夜间，大量 App 迅速崛起，以排山倒海之势席卷了生活的方方面面。从社交、地图、音乐、安全、浏览器到视频、电商以及后来的打车、外卖等 App，几乎满足了用户在生活中的所有需求。

从 twitter 限制 140 字终结了博客时代起，轻量级产品逐渐兴起，用户的痛点也基本得到了满足，大量的同类 App 相互竞争，单纯挖掘用户痛点已经不能支持

twitter发布页

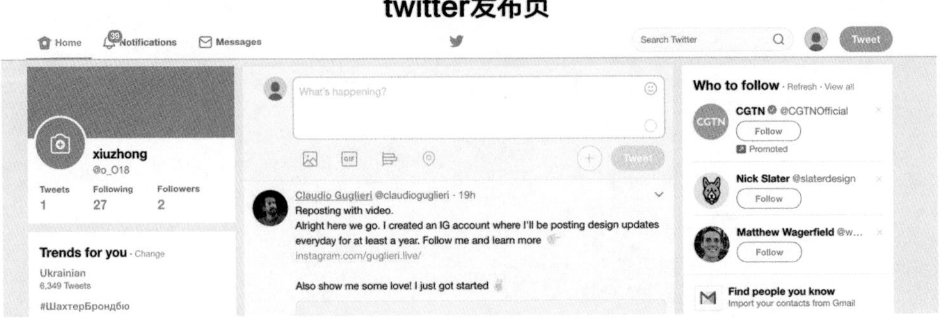

App 进入移动互联网的下半场，App 经过野蛮生长转向成熟，比如微信的功能基本都有了，用户刚需已被满足，下半场的机会在于从细微处打磨产品。

当今，科技让生活变得便利的同时也变得碎片，信息爆炸式出现，人们的生活节奏越来越快，每天都很忙碌，在等车等电梯的间隙，会翻翻微信，刷刷朋友圈。在频繁碎片的环境下，用户已经养成了快速获取信息的习惯，越来越没有耐性，“零等待、零干扰、零思考”的诉求越来越强烈。越来越多的产品开始瞄准轻量级设计来迎合这样的 App 焦虑症。轻量级的设计，细微处的创新，满足用户需求痛点到极致会是移动互联网下半场的一个大的趋势。

8.1　什么是轻量化设计

轻量化设计去除繁杂厚重的装饰效果，转而向“扁平化”风格发展，采用二维平面化的元素，避免使用阴影、渐变、投影等立体效果的设计，图片、按钮、导航简洁利落，拒绝羽化、阴影这样的特效，为应用带来简洁、清爽的美感。使用留白而不是渐变、阴影，能让界面看起来更加简洁，便于突显核心内容，摈弃实现起来不那么容易以及分散用户注意力的装饰元素，转而着重凸显内容层级，让信息传达更加准确直观，便于引导用户获取所需，打造更高效的体验。

8.2　为什么要轻？

科技高速发展，用户期望科技产品能够让生活更加便利，然而无论是使用产品所处的环境越来越多样化，还是产品在不断的升级中带来的复杂功能，科技不只给用户带来智能、便捷的享受，也一定程度上使生活变得笨拙。

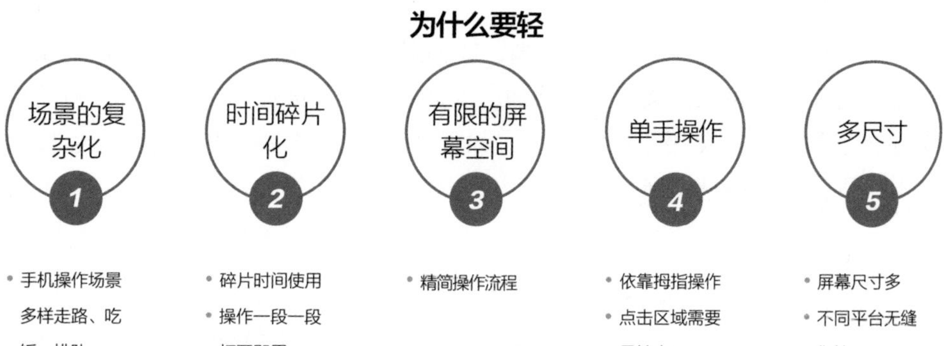

1. 场景的复杂化

不同于以往用户使用电脑访问 Web 页面，使用场景多为在室内比较稳定的环境，大屏幕的浏览，鼠标键盘的精准操作。手机因为其移动性，可以随身携带，使用场景较为丰富。用户可能在走路，坐地铁或者坐电梯等移动环境中使用。在这些移动复杂的场景中，自然就要求产品内容足够清晰、简洁。

2. 时间碎片化

手机已然成为身体延伸的一部分，除了大部分睡觉和工作学习的时间外，有大量零散的碎片时间被 App 充实，等待上餐、排队结账等，而且在使用 App 进行各种操作时可能会被随时打断，然后打开另外的 App 或者继续原有的操作。用户使用移动产品的时间并不是连成片的，而是一段一段的，如何在短暂的碎片时间里有效地为用户提供信息？打开即用是用户对轻量化的诉求。

3. 有限的屏幕空间

电脑端屏幕尺寸大，有足够的空间展示产品信息，在不影响正常的操作和不破坏整体用户体验的情况下，网站可以适当加入广告 banner。但在移动端上的信息排布需慎之又慎，因为屏幕空间有限，导航、状态栏等元素会占据一定的空间，需要对重要的展示内容做一个合理的统筹与选择，次要的信息再一出来肯定破坏体验。用户使用移动产品时是非常追求效率的，所以移动端产品的设计难道会大大增加。还有，在有限的屏幕空间中使用 App，层级太深会容易让用户找不到方向，因此需要精简操作流程，避免用户在多页面中穿行。

4. 单手操作

近九成的用户通过单手操作手机，例如经常看到他们一手触控屏幕，另一只手忙于拿咖啡或者牵手。在 PC 端，我们通过操纵鼠标完成各项操作，在手机屏幕上，手指并不像鼠标一样精准，因此要求点击区域要足够大，按钮间也要有合理的距离避免手指的误操作，如果 App 功能繁多，页面会被功能按钮堆砌，将会占用信息的展示空间，所以需要合理布局操作按钮。

5. 多尺寸

App 通常涵盖多个平台适配到不同屏幕尺寸中，随着手机、平板的普及，用户面对的不仅仅是电脑，而是经常交替使用多部设备，执行同一种任务，需要设

手势交互

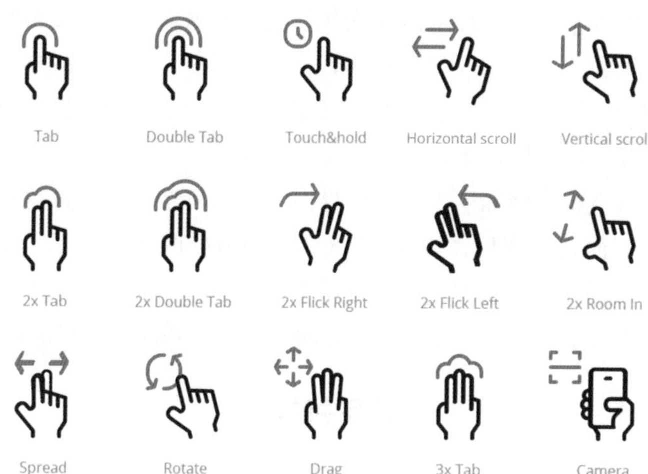

备之间无缝切换，供用户在不同场合使用，比如邮件回复，在手机上回复电子邮件，走到电脑前，数据在电脑中完成同步，用户会切换到电脑继续写。开发过程中在多设备中实现渐变、阴影、浮雕等复杂的视觉效果既烦琐又耗时，而且颜色显示的最终效果也会有偏差。而扁平化的设计可以保证在所有分辨率中都会有很好的展示效果，清晰直接地呈现信息，减少用户认知。

设备尺寸

27"

10.5"

5.5"

15"

8.3 产品中的轻

以搜狐汽车 App 为例，随着版本迭代，新功能增加，产品变得复杂难用，一个功能常常出现多个入口，经过问卷调查，回归初心，大量删减重复的入口，隐藏频次低的功能，简化找车流程，融入汽车资讯功能，为用户提供全面有效的汽车信息，意在打造轻量化，即开即用的汽车 App。

总之整体风格就是删除了大面积的界面主色，只留下黑白灰这些中性色、更大号的粗体字、简化的图标，以及 UI 的各个细节处的品牌色。相比以前，去掉了原来蓝色的顶栏和底栏，取而代之的是大量留白，用色也只采用黑白和少量的蓝色。图标也进行了简化，整体看上去界面很干净、功能模块很清晰。

1. 简洁的视觉元素

去掉多余的线、阴影等装饰元素，让界面更加清爽、简洁，让用户更好地将注意力集中到汽车内容中去，避免繁杂的视觉元素分散用户的注意力。考虑用户在浏览资讯内容时，阅读大量文章用时较长，过多的装饰容易产生审美疲劳，所以采用简单的设计元素，显得更加耐看。汽车 App 在适配不同屏幕尺寸的环境下，简洁的视觉元素有着更好的兼容性，不同电子设备上显示效果统一，有利于打造良好的品牌体验。采用简洁的视觉元素，App 运行更加流畅，减少了用户等待加载的时间。

2. 克制用色

黑白色之外，最多只能多加一种颜色，用来引导用户进行操作。汽车 App 有一套标准的配色规范，黑色及品牌色代表可以点击的元素，红色代表与价格相关的内容，蓝色代表可点击的链接和当前选中状态。用户对这些颜色有了记忆和习惯，在 App 其他地方看到相应的颜色时，自然就知道如何操作了。少量的用色不仅可以方便记忆、同时也可以减少视觉干扰，避免用户迷失在重重色彩中。

克制用色

3. 主次分明

为突出关键信息，汽车 App 通过字体大小、粗细、颜色的对比来处理信息内容，标题使用大、黑、粗的字体样式，内容简介使用字号相对较小、灰色的字体样式，帮助用户在首页自上而下浏览信息的过程中，快速捕捉关键词，避免用户在寻找信息过程中处理多余的文字内容。

主次分明

4. 提升图标识别度

页面采用大量留白，看起来简洁、明快。用线条绘制的图标圆润而直观，简洁的线性图标使页面变得生动。线体的粗细保持一致，确保了视觉设计上重量的均衡，蓝色选中标示状态起到提示作用。图标以线性为主，打造轻量化的视觉体验，同时简洁的图形便于用户记忆，提升对信息的获取速度。

5. 快速便捷的操作

在找车页面把高频点击需求放置在第一屏，让用户迅速找到关键信息以减少滑动带来的多余操作。在品牌选择后用抽屉形式展现二级内容，充分利用有限的屏幕空间，使同一屏幕空间的内容尽可能多的外显，减少页面间的跳转，用户在找车过程中只需点击两步就能到达汽车详情面，提高了用户获取信息的效率。

6. 良好的阅读体验

字体使用无衬线，一是符合用户的阅读习惯，适合长时间阅读；二是可以避免特殊字体对阅读造成干扰。将行高控制在 1.5 ～ 1.7 倍，打造沉浸式的阅读体验，排版上大量的留白，拉开内容之间的距离，让大篇幅的文字有呼吸感，而不是密密麻麻，让用户窒息，同时也适合在移动环境下浏览，避免在运动中模糊成一团。

8.4 如何做到轻

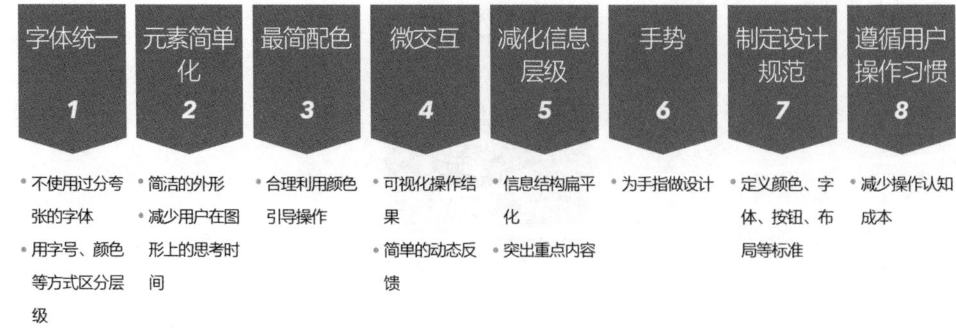

1. 字体统一

字体是排版中很重要的一环，排版的好坏直接影响视觉效果，甚至影响用户能否顺利获取信息。减少设计中使用的字体数量，建立强大统一排列节奏感。不需要使用过多字体，只使用这一种，通过加粗、改变字号等方式区别信息层级，不要使用过分夸张的字体，无衬线或黑体是最好的选择，让用户把注意力更集中到内容本身。在不同平台使用同一种字体有利于增强品牌辨识度，提升整个产品的体验度。

2. 元素简单化

对于按钮图标等视觉元素，要坚持使用简洁的外形，比如矩形、圆形、方形，并尽量突出外形。保持在可用性的前提下尽量简单，保证应用到界面中直观、可用，无须引导。除了简单的造型，尝试填充明亮的配色，来吸引用户点击。这些视觉元素能够方便用户点击，减少思考、寻找的时间，减少用户的学习成本。

3. 最简配色

早期 App 的导航栏和操作栏占据了大量的颜色比重，自 Material Design 兴起后，设计的注意力转移到内容本身，简化导航栏和操作栏的颜色，多数使用白色以更好地呈现信息内容，整体使用更少的颜色，保持界面的简洁，使用 1 ～ 2 种颜色标示出可点击的元素，合理引导用户。

搭配出合理的配色方案，将用户的注意力吸引到正确的位置，突出操作功能，减少多余颜色带来的视觉干扰，有利于增强品牌识别度。

4. 微交互

微交互是用户在完成某个小任务的瞬间产生的交互反馈。这些微妙的交互可以快速传递信息或者反馈可视化操作结果，协助用户迅速明白如何操作。例如，用户在输入银行卡号时的数字放大效果、点击喜欢或者收藏时图标状态变化的小动效，将用户的注意力吸引到合适的位置。微交互除了可以给予用户完成某个任务时的反馈，也可以通过小动画引导用户操作，比如安卓手机向上滑动解锁的提示动效。

良好的动态反馈令用户产生愉悦感，合理传达操作结果，可以降低用户的认知成本，防止用户在操作过程中产生迷惑，简单、有趣的动态反馈，让用户参与感也更强。

微妙的动效和交互给用户带来动容的体验，这些微小的瞬间虽然不明显，却可以轻松被用户感知，一点点微小的动作可以提升整个 App 的体验。

5. 减化信息层级

生活节奏变快，对信息操作的效率要求更高，希望在一屏内完成所有的步骤，这不仅要求视觉设计风格扁平化，更需要信息结构扁平化。信息结构轻量、直观不仅可以突出内容本身，还能减少用户对信息机构和逻辑的理解成本，缩短用户获取信息的路径。尽量避免过多的页面跳转，合理使用弹层、模态模式为浏览操作减负，避免用户在浏览过程中迷失，使体验更加流畅自然。

考虑用户的学习成本和接受度，小而轻量的信息结构便于用户在第一次使用时能够快速记忆，减少使用过程中带来的挫败感。着重突出内容本身能带来更好的沉浸式体验，使用户更专注于信息内容本身，而不被其他操作路径打断。

6. 手势

触屏时代，大部分情况都是在为手指做设计，用户通过点击、拖、拽、滑动等简单动作完成在手机上的所有操作任务，根据手机本身自带陀螺仪和运动传感器，用户也可以通过摇晃、倾斜等动作操作设备。大屏手机中向右滑动可返回上一级，而不用跨过屏幕点击左上角的返回图标。在编辑大段文字时，晃动手机能够快速删除，而不用不停点击删除，看着光标删除一行又一行，漫长的像一个世纪。手势可以显著提升产品的使用体验，帮助用户以更少的点击完成更多交互。利用好手势驱动，能让 App 操作更流畅，大幅提升产品的使用体验，减少点击操作。

记事本和搜狐汽车撤销输入页面

7. 制定设计规范

设计规范是在项目初期定义关于标准色、字体、按钮、布局等控件的视觉标准。定义合理标准的规范可以避免不同设计师在同一个产品中各自为政而造成产品本身的体验矛盾，还可以用来简化开发流程，让开发人员快速理解设计意图，同时也为未来版本迭代做铺垫。

8. 遵循用户操作习惯

不要轻易颠覆用户的使用习惯，否则会增加用户的认知成本，甚至会因此放弃使用你的产品，用户在第一次接触一个 App 的时候会利用已有的经验和长期养成的习惯来认知操作。比如返回按钮固定在左上角、下拉即刷新、自上而下的浏览和双击图片可放大等，虽然设计渴望创新、与众不同，但要权衡挑战固有的习惯是否值得，因为用户接受新事物的学习成本非常高。既然这样，能否断定现有的习惯都是有利于用户的呢？这需要设计师深入到问题场景中去判断、权衡利弊。

这些关于产品、设计、体验的理解、认知，都是从内容本身出发，探索内容、功能、用户的关系，轻量化设计是经过不断探索而演变出的直观有效的方式。设计涉及图形识别、情感传达、视觉隐喻、操作反馈、动态效果、音效设计等方方面面，要想共同打造一个良好的产品，能否解决用户的问题、有效率地完成操作是产品本身的灵魂。

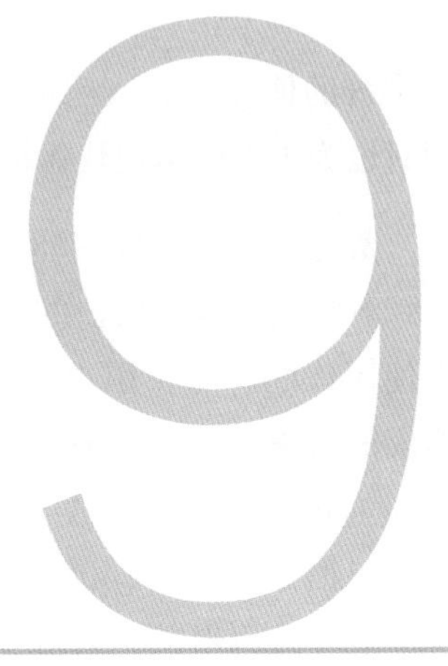

第 9 章 品牌设计

◎钟秀

人们购买的从来不是商品本身。从原始社会货币还没有出现的时期，人类以物易物，交换满足自己生存所需的物品，用葛藤捆扎猎物，用叶子、贝壳、兽皮包裹物品。到现代实体货币逐步被电子支付所替代，商品被精致的包装在印有 logo 的盒子里。时至今日，人们购买商品不再只是为了满足生存所需，更多会被品牌所带来的满足感吸引。

此时向用户传达的就不是品牌设计这么简单了，有了情感，有了依赖，需要进一步升华，这就对品牌设计提出了更高的要求。

品牌设计是品牌战略的无形资产，是品牌精神传递的重要媒介。品牌设计基于品牌的市场定位经过文本化、符号化形成品牌名称、品牌 logo，再延伸到网站、店铺、包装等项目，逐步形成品牌设计系统。

9.1 品牌战略的巨头

优衣库在日本一直是低端品牌，谈到优衣库，日本人的第一感觉是“便宜货”，贫民窟的代名词。1984 年柳井正在美国留学被父亲叫回了日本并且接手优衣库。在对比了ZARA\H&M\GAP这三大快销品牌后，柳井正发现在质量的维度上优衣库并不比这些品牌差，那为什么这些品牌可以位于高端、时尚的行列？它们之间究竟差在了哪里？

柳井正发现，优衣库不缺质量、不缺市场，唯独缺少品牌。他找到设计师佐藤可士和，提出想把优衣库变成全球第一快销式时尚品牌。区别于高端时尚品牌昂贵的价格，优衣库价格亲民，但是款式时尚。佐藤由此提出了“美学的超合理性”这个概念，简单说就是性价比高的衣服，佐藤将这个概念术语化，而且上升到品牌设计的高度和商业战略的高度。

一切品牌设计围绕“美学的超合理性”这个概念展开，佐藤请了当时日本各个方向一流的高手来设计logo、vi、广告、店铺、陈列、网站、音乐。这些来自不同领域的高手并没有各自为政，而是在同一的品牌概念下讲述一种属于优衣库的东京快时尚。

优衣库品牌系统

UNI
QLO

一个成熟的品牌设计师必然要统筹品牌设计系统。从概念阶段、文本阶段、符号阶段、系统阶段，分别演化出企业的品牌概念、品牌名、品牌logo、品牌系统应用；系统化才能体现品牌设计的价值，也只有系统化品牌附加值才更可能成为用户买单的理由。

如今成熟的品牌都是系统感非常强的品牌，苹果、星巴克、uber、可口可乐，它们都是一个系统的表达，从品牌概念、命名、理念、logo、销售终端、广告系统，到网络设计都是紧密相连，环环相扣的，甚至整个品牌系统就像一个精密的机器，协同后才能产生协同力，完成机器的运转。如果平面、空间和网络各自为政，没有系统组织，产生就是消解力，用户也就难以理解一个品牌，这就违背了品牌化是为了减少沟通成本的初衷。

9.2 产品即体验

随着科技的迅速发展，互联网已经渗透到生活的方方面面，传播媒体也发生了巨大的变化，品牌在互联网时代有哪些转变？

我们处于一个信息爆炸的时代，互联网刺穿了所有信息壁垒，信息的传播摆脱了阶层、地域、财富的阻隔。互联网创造了一个扁平的世界，每个人在信息网上都是一个节点，每个节点都是中心，发散式向外传递信息，产品的好坏由用户说了算。

商业时代信息不对称，产品宣传的主要方式是投放广告做公关，很多传统行业产品往往发展了几百年之久，且产品本身的差异度越来越小，公司主要通过广告等媒体手段树立品牌形象，品牌在产品漫长的生命周期里随着广告的传播慢慢积累了用户情感。在这样安逸的环境下，诚心想做垮一家大规模的公司也是一件难事，巨头公司的规模优势、品牌优势，是后起公司难以逾越的鸿沟。

进入信息大爆炸时代，出现了很多倒闭、衰落或已呈现颓势的公司，例如柯达、摩托罗拉、诺基亚、索尼等，我们不得不承认，曾经看起来那么稳定的竞争优势，在迈入互联网时代，产品生命周期加速的环境下，竟然如此脆弱不堪。互联网时代对很多企业来说，产品积累到品牌的时间短到几乎没有，快到就像彗星一样一划而过。

产品与广告的分离是商业时代的产物，产品触达用户要穿透时间与空间的壁垒，传播成本高到企业无法承担。而在互联网的信息网络上，产品与广告同时触达用户，产品本身就是广告。

当Google公司推出搜索引擎的时候，你很难说这是在售卖产品还是在为产品打广告，这种产品售价是“零”，试用与使用是同一回事，用户会因为良好的体验成为二度传播者，也会因为糟糕的体验，早早放弃使用该产品。

如今，产品到用户的距离就是指尖到屏幕的距离，竞争升级成为产品与产品间的正面交锋，好的体验已经不足以在竞争中立足，而让用户不断尖叫的产品才能留存住用户，保持市场竞争力的增长。

Google首页

产品通过大大小小的屏幕传递给用户，分化出不同的形式，设计场景也变得越来越多样，越来越复杂。设计师如何确保零散的体验仍然感觉像是来自同一个品牌？挑战在于保持聚焦，用最简单直接的方式来实现每个体验点规范的统一。

9.3 产品中的品牌设计

面对互联网产品的日益变化和用户年龄层的变化，搜狐汽车在经历了移动互联网爆炸式的发展后，产品线拓展到了不同的平台上，但不同的视觉语言，增加了用户对搜狐汽车品牌的认知成本，所以希望通过统一的视觉元素，充分发挥各平台的优势，让产品在不同系统终端呈现更舒服的体验，有效强化品牌形象，增强品牌友好度、扩大品牌影响力，以求为用户提供一个更好的搜狐汽车。

1. 体验方向

所谓最好的用户体验就是能让用户毫无察觉，在界面上的操作如行云流水般顺畅。用户们越少去思考界面布局，他们就会越多将关注点放在要完成的目标上。

从搜狐汽车整体设计上考虑，需要更加突出内容的呈现，减少多余信息对用户的干扰，为用户提供丰富信息的同时结构简洁。

2. 建立品牌颜色系统

搜狐汽车主打资讯功能，为用户沉淀优质内容，希望传递清晰、精致的感觉。基于用户的认知心理，打造良好的阅读体验，使用大量的白色作为背景，借助黑色在操作功能上的引导作用，增强点击引导，比如登录、弹窗按钮、图标等需重点引导的操作，同时我们也设定了文本的功能性颜色，比如普通正文为黑，辅助为灰，连接色为蓝。

品牌颜色在产品中的运用

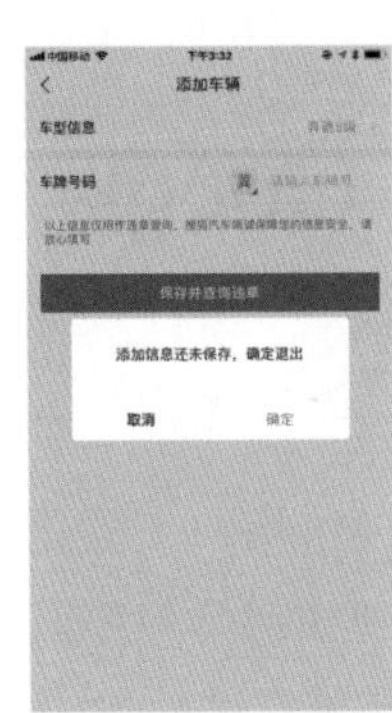

3. 品牌图形提炼

logo 设计　在用户第一次接触产品时，logo 是最先与用户接触的品牌形象，不仅仅是用户接触产品的第一感觉，更起着传达产品信息的关键作用。在设计流程上，在页面基本全部完成，整体风格有了确认后，再来进行 logo 设计，这样有利于整体风格的统一。考虑到 App 的阅读气质，我们的 logo 采用白底黑字的表达方式，使用产品的名称作为标示，能够精准地表达 App 的应用属性及核心业务，加深用户对产品名称的记忆，不需要对抽象符号二次加工，有利于用户对品牌形象的记忆。

搜狐汽车logo

启动页 每次打开一个 App，都会看到启动页，所以这是一个品牌露出非常高频次的页面，采用品牌图形 + Slogan 的设计形式。预留空白区域配合广告内容活动运营。

品牌在启动页的处理

4. 层级扁平化

整理搜狐汽车框架层级，对整体视觉架构做了扁平化处理，砍掉多余的视觉元素，使用分割线与卡片相结合的方式区分不同模块的层级内容。比如纵向浏览信息模块不再使用卡片效果而是使用分割线，分割线统一色值，将更清晰的内容呈现给用户。

扁平化改版前后的对比

5. 界面中的留白

图文组合的区域合理增加空间，调整到最舒适平衡的视觉结构，有视觉呼吸感，让用户浏览信息时快速捕捉到关键点。比如个人主页的设计。

界面中的留白

6. 简洁统一

通用的板块应用到不同页面中，可以降低用户的认知成本，使产品保持统一的节奏感。Banner 轮播图片、列表缩略图、文章内的插图等大小比例统一为 4∶3，这样的处理也节省了开发成本。

图片比例统一

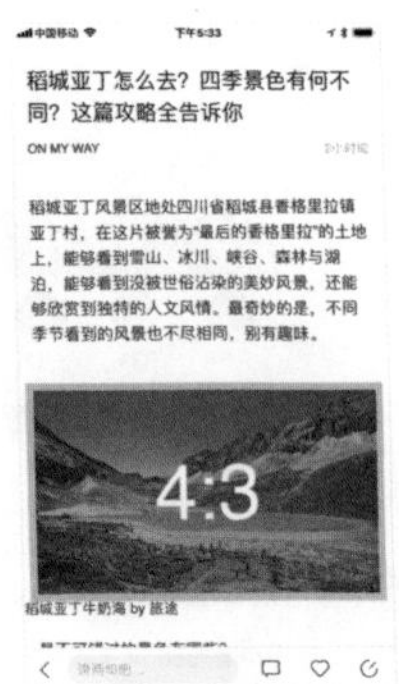

7. 阅读体验

根据用户阅读习惯将列表图片信息统一放置右侧，文字内容居左，整体纵观的视觉浏览体验顺畅，减少用户眼睛太多纵横交错及断点的转动。

8. 沉浸式体验

在纵向纬度上，增加信息展示空间，丰富业务展示形式，让信息结构更加多元立体化，比如主图片更大、卡片异形效果等。还有页面动效逻辑的转场、界面滚动的缓和动画也需要一并升级，达到整体立体生动的效果。

9. 不同平台

根据不同系统平台的特性，在交互体验上做好区分，降低用户认知成本，比如弹窗的设计。

10. 一种字体

在 App、移动端和 PC 端网站中使用单一字体有助于增强品牌的统一性，优化全平台的体验。此外，用户也更喜欢单一字体所带来的简洁性。

9.4 品牌提升技巧

产品即品牌，这对移动互联网时代的品牌形象塑造带来了更大的机会和挑战。App logo、App 视觉风格，甚至 App Store 上的介绍和宣传 Banner 等，都是品牌形象的重要组成部分。如何将界面设计与品牌相结合，并加强品牌形象？可以从以下几点来考虑：

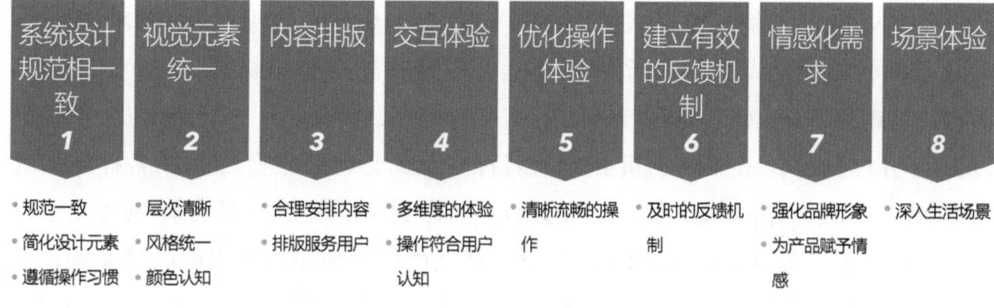

1. 系统设计规范相一致

不同的操作系统有着不同的操作规范，设计产品时要与系统规范保持一致才能降低用户的认知成本，减少学习风险，避免复杂的视觉元素对用户造成的干扰。遵循用户的使用习惯，才有利于增强品牌友好度。

2. 视觉元素统一

视觉层次清晰。用户在使用 App 时，不会有用户指导手册，需要通过界面设计的层级化的引导来理解信息架构和任务流程。建立清晰的视觉层级有利于用户快速识别信息，帮助用户在移动的场景和碎片化的时间里有效地处理任务，让用户在短时间内了解可以做什么、怎么做以及能够达到其预期结果，提升用户的满足感。按钮的位置、图片的尺寸、图标的颜色等视觉元素无一不在影响着用户的操作，所以建立清晰的视觉层次可以有效提升品牌体验度，增强品牌在用户心中的形象。

品牌图标作为 App 品牌系统中的重要组成部分，无论是打开还是下载 App 都是作为整个产品的形象代表第一次出现在用户面前，带给用户最直观的感受。另一种是界面图标，如：导航图标、工具图标、按钮等。品牌图标始终与界面设计风格一致，减少用户对品牌认知的负担，将用户对产品的直观感受延伸到界面中去。界面图标的视觉风格一般与品牌图标保持一致，如整体统一的视觉风格不仅能形成 App 独有的气质，也能加强用户对品牌的识别度。

颜色会影响用户情感，吸引注意力，能够迅速将用户带入场景体验中，同时也是用户对品牌认知的主要因素。不少互联网产品品牌都有着让人印象深刻的颜色，如腾讯的蓝色、淘宝的橘色等，可以看到品牌色已经运用到官方网站、移动客户端、线下活动等方方面面中。

以 UNIQLO 为例，首先从它的 App logo 命名中便可窥见一斑，UNIQLO 作为成功的快销服装品牌，在品牌构建上非常好地适应了手机移动端，UNIQLO WAKE UP、UNIQLO CALENDAR、UNIQLO RECIPE，每一个 App 虽然都是以 UNIQLO 为首，考虑到手机屏幕上名称尽量简短，并没有强制在名称中加入 UNIQLO，而且 App logo 都是 UNIQLO，即做到了品牌统一又合理地适应了移动平台的体验。其次，3 款 App 在色彩风格上严格遵循简洁明快的品牌基调，融合 UNIQLO 品牌所倡导的 Life Wear 哲学，让用户在使用 UNIQLO App 的同时，把记忆中有关 UNIQLO 商品、包装、广告、店面展示等各方面都联系起来，打造 UNIQLO 鲜明的品牌个性，提升品牌忠诚度。

优衣库品牌在移动平台的应用

3. 内容排版

图片文字的排版风格无形中影响着用户对品牌的认知，传达着品牌独有的气质。好奇心日报在有限的手机屏幕中采用大尺寸优质的图片展示内容，向用户传递做精品专业的新闻内容的品牌特质。今日头条依靠算法抓取大量的新闻内容，绝大多数的信息对用户而言是没用价值的，用户通过快速浏览标题获取关键词，排版上因此运用大量的列表设计。

4. 交互体验

打造互联的品牌不能仅仅停留在扁平视觉层面，它是一种立体的体验，包括界面的观感、按钮点击的声音、下拉刷新的动效等多维度，这些元素有形或者无形地影响着用户对品牌的理解，所以，在设计时要更重视用户体验，使操作反馈符合用户的认知，否则，就会造成沟通障碍，给用户带来挫败感。

5. 优化操作体验

用户很忙，设计时用简洁、清晰的操作能够帮助用户提升处理任务的效率。

6. 建立有效的反馈机制

用户在手机上的按钮操作没有了物理中实际按下的感受，只能通过轻触屏幕、通过按钮点击状态和声音得到反馈，如果用户没有得到相应的点击反馈，会导致对产品的疑惑进而产生挫败感。因此基于品牌提升，合理优化产品体验，需要设置按钮的不同状态，统一按钮形态引导用户操作。

7. 情感化需求

在移动互联网时代，同类产品竞争激烈，只有保持品牌独树一帜才能在众多相似产品中脱颖而出，进而增强市场竞争力。产品中情感化的细节成为产品与用户间情感传递的桥梁，这种细节不仅能增加用户对品牌的好感度，更能让品牌深入人心，利于口碑传播。以用户为中心，更深入地寻求情感化的共鸣，满足用户的参与感与情感需求。淘宝在 2017 年改版时将品牌个性融入提示信息中，网络异常、购物车为空等异常信息提示页面不是一个又一个突兀的页面，而是一个个有趣的小故事，将情感化设计延伸到各个异常的场景中，不仅统一视觉语言，而且提升了品牌的好感度，迎合了年轻用户的个性化需求，扩大了品牌影响力。

淘宝空页面设计

8. 场景体验

手机的使用场景多样且复杂，要针对用户实际的场景来进行设计，如吃早饭、挤地铁、开车、等电梯、开会、排队等多种情境，合理调用陀螺仪、GPS、摄像头等功能，让体验更加贴心，提升用户好感度。良好的交互体验，不仅能很好地解决用户痛点，而且能更直接传达品牌内涵。

在移动互联网大环境下，同类产品为赢得在屏幕中的一席之地可谓是竞争惨烈，统一的品牌风格能给用户呈现整体一致的视觉体验，有利于传达产品整体的品牌形象，赢得用户口碑。

第 10 章 聚焦设计的 3 大原则

◎李伟巍

“只要专注于某一项事业，就一定会做出使自己感到吃惊的成绩来。”

——马克·吐温

设计是为用户提供更好的服务，产品经过设计变得更人性化，吸引更多的用户，从而使企业也能从中获取商业价值。大家都是在做产品，产品的核心功能也一样，为什么有的产品做得风生水起，有的就被时代埋没呢？关键比拼的是什么？体验设计无疑是这其中重要的一环。虽然产品的体验设计不同，给用户的感受也不尽相同，有的让用户如获至宝，爱不释手；有的却让用户怨声载道，愤而卸之。无论谁都想让用户表现出前者的心情，这就需要我们的产品聚焦在解决用户的需求上。可怎么才能让设计做到这么聚焦呢？我们分别从沉浸式设计、高效设计、简单思维这三块来概括聚焦设计的原则。

10.1 沉浸式设计

10.1.1 心流理论

何为沉浸式设计？immersion（沉浸）在《设计的法则》中的解释使用的是心流理论 flow（心流），关于心流可参照经典著作《Flow: the psychology of optimal experience》。这种心流理论道出沉浸式体验的状态，诠释了人们为什么会废寝忘食地做一件事。书中还提出**满足心流状态的四个前提**：

- **内在奖励机制；**
- **清晰无障碍的目标；**
- **即时反馈结果；**
- **匹配的技能水平和挑战。**

如下图。

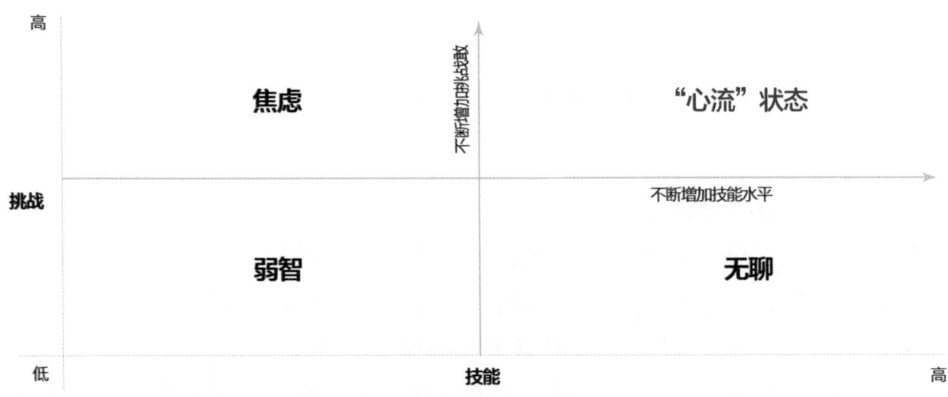

人处于技能与挑战匹配时才能达到心流状态。经常有人会打游戏打得手脚抽筋、腰酸背痛，不知不觉中时间就已步入深更。什么样的游戏会让你这么投入，忘却身边的一切变化呢？这个游戏肯定非常吸引人，具有一定的挑战性，并且自己的熟练技能可以驾驭这种挑战。如果太难，连续受挫，可能早就放弃了；如果太简单，每次都能轻松晋级，可能又觉得没有挑战性，没有什么玩下去的动力。**心流体验是人的最优体验，当我们面临的挑战和自己操控的技能相匹配时，就能沉浸其中，忘却真实世界的状态**。这就是为啥我们玩游戏、逛街、旅游、下棋等，经常会到天黑了才发现时间已经不早了。

满足心流理论，带来沉浸式体验，其体验者表现出一些共同特征：

- 被吸引去做某件事；
- 专注于做某件事；
- 做事的目标很明确；
- 每次触发都能得到即时反馈；
- 做事主控者是自己；
- 做事过程中无忧无虑；
- 时间变为主观意识的改变。

这些特征和玩游戏的特征居然有着惊人的吻合度。玩游戏的感受如下：

- 我们被游戏的角色设计、唯美画面或者一些宣传的题材吸引；
- 我们玩游戏的时候基本都会全身心地投入；
- 游戏中每一局的任务目标都很明确；
- 游戏中的每个举动都会得到即时反馈，激励我们持续玩下去；
- 游戏中的主角是我们自己，所有的打斗操作都是我们在控制；
- 在游戏中可以让我们无忧无虑，忘掉烦心的事情；
- 玩游戏总是感觉不到时间飞逝，一局结束可能才感觉到时间的变化。

“心流”沉浸体验对应游戏体验

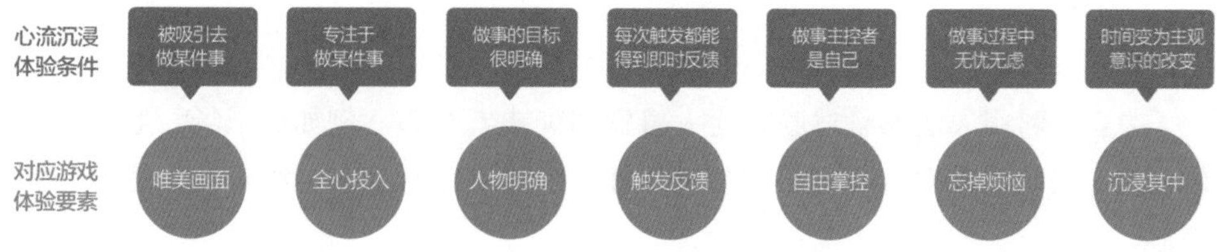

10.1.2　沉浸体验的理解

沉浸式体验得益于 VR 产业链的影响，现在持续地被发酵。人们都争相体验 VR 给我们带来的全新感受，并对此充满了各种想象，仿佛置身于未来世界。可 VR 为何会被如此推崇？只因其带来了一种沉浸式体验的全新视界，超越了 3D、4D、5D 电影带给我们的体验，这是 360 度的全景体验。利用 VR 头盔进入沉浸式的 VR 世界，可以让你太空漫步、环游世界、操控飞船、进入中世纪的恐龙世界等，这些都是利用沉浸式体验设计来完成的。现阶段 VR 所带来的沉浸体验的原理其实很简单，就是利用 VR 头盔封闭人的视界，以 360 度全方位场景呈现要呈现的场景，通过画面内容使人进入虚拟体验。VR 就是将人的感官和认知融合在一起，形成了完整的沉浸式体验。沉浸就是让人专注于当前的由设计者营造的目标情境，使其感到愉悦和满足，沉浸其中，忘却真实世界情境的一种体验设计。所以我们说沉浸式体验包括人的感官体验和认知体验。

各种场景下的VR头戴设备

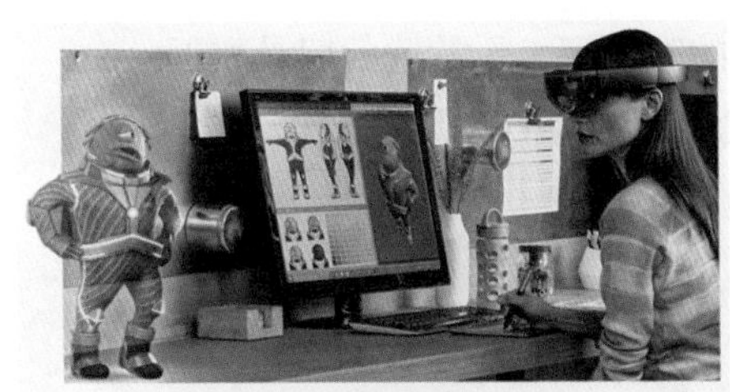

Microsoft HoloLens

语易 VR英语学习机标准美式发音3D立体眼镜

HTC VIVE 智能VR眼镜

爱奇艺VR智能3D头盔

1. 感官体验

主要是利用人的感官体验，让人感觉到爽或者刺激。例如游乐场、迪斯尼主题乐园，很多活动对人都有一定的挑战性。但是利用感官刺激很难使人达到心流状态。

2. 认知体验

符合人的，认知经验且要与人的能力相匹配。例如教学、下棋，以及王者荣耀等策略游戏，这些活动满足人的技能要求，又与能力匹配，所以可以让人形成很好的认知体验。

感官和认知回归到体验设计层面，设计师要思考怎样设计才既能满足感官体验，又能增加用户的认知体验，二者融合才创造出用户的沉浸体验。每次我们拿到的需求都是很明确的，围绕需求展开体验设计，在设计的时候还需要充分考虑每一个环节的因果，不能让自己盲目，要创造条件来引导用户来体验。不分解到具体的操作层面，我们很难理解怎么让用户产生沉浸感。沉浸感其实就是用户参与、融入、代入几种感觉强烈程度的体现。那么，怎样设计才能带来沉浸的体验呢？

10.1.3　沉浸体验的应用

我们回想一下剧院的场景，开始之前都需要把灯关闭，人的可视区域聚焦在舞台上。看电影也是这种场景，IMAX 电影还需要戴眼镜，以更好地感受 3D 的视觉效果。在头戴设备上观看有 3D 效果的视频，同样也会有这种感觉，画面周边都是以深色为主，突出画面内容，即使有连带的操作也会用一些带透明的弹出层来解决，不用的时候又会收起。玩游戏的时候也会有如此的感受，画面周边场景都偏于用深色，更加突出游戏的主角。

沉浸式设计各方应用

3D电影带来的视觉感受

IMAX电影带来的体验

展览馆的沉浸体验

索尼体验馆展示

英雄游戏的沉浸设计

游戏战场的沉浸设计

当下越来越流行在移动端产品上阅读各类电子书，此类产品在设计阅读体验时，往往趋向于营造出版读物的体验氛围。背景色可能故意选取接近牛皮纸的浅黄色，在边缘部分设置了上下翻页的交互，翻页的时候能听到翻书的声音，还引入了书签的概念等；在内容区域的任何地方点击一下就会弹出文章的可操作菜单，可切换白天黑夜模式来保护眼睛，重要段落可以轻松完成复制加入收藏等。这些设计使阅读体验非常流畅，全屏的阅读场景中完全不会受到任何干扰，如果情节再能吸引住用户，就能形成沉浸的阅读体验了。

移动阅读的体验设计

电子杂志体验　电子书设计　移动阅读体验　移动阅读的功能入口

沉浸式体验主要是叙事性的设计，利用情境、沉浸、角色、气氛、情节、节奏来让观众融入故事本身。这也是非常基础的设计手法之一。沉浸式设计最省力法则就是降低人们在达成目标时的认知阻力和运动阻力。这样用户就可以在没有任何干扰的情况下沉浸在产品内容中，这就道出了设计师的终级目标——去除对用户的干扰、使用户聚焦关注的设计。下图是一张原研哉设计的无印良品的海报，有没有一种沉浸其中的感觉？

原研哉设计无印良品的海报

娱乐、活动、教学、品味、展览等需要长时间吸引人注意力，这些都适用沉浸式体验的设计。反过来，很多快节奏的产品就不太适合这种设计方式，例如新闻、资讯、股票等获取信息就会尽快离开的场景。

10.2　高效设计的 10 个原则

产品乱象引发我们对其价值观的思索，衡量好产品的标准是否是为了黏住用户，去制造更多完不成的任务？结果显而易见，用户的时间很宝贵，我们不应该把用户的时间锁在产品里。比如电商类产品，好产品从下单到支付只需要几秒钟就能完成，可有的产品要折腾用户一个多小时，甚至很多用户被搞得头晕脑胀都未能完成。人类发展的每一次跨越，都是在不断提高效率，降低时间成本，今日的互联网也不例外。那么产品怎么设计才能高效解决用户的需求呢？这是我们需要思考的。我们从体验上总结了一些高效设计的原则。

1. 设计的一致性

优秀的设计师早已把一致性作为体验设计的基本规范。但具体如何去把握？体验设计的一致性，并不是随意地将呈现的内容罗列在一起，而是使各部分在色彩、icon、图形、交互、动效等各方面的展现都能保持一致，就连场景和诠释语气的表述也都应该是一致的。下图是我们在统一产品资讯模块信息时制定的一组设计规范，定义了资讯流信息展现的设计样式，保证阅读体验的统一。

产品设计规范

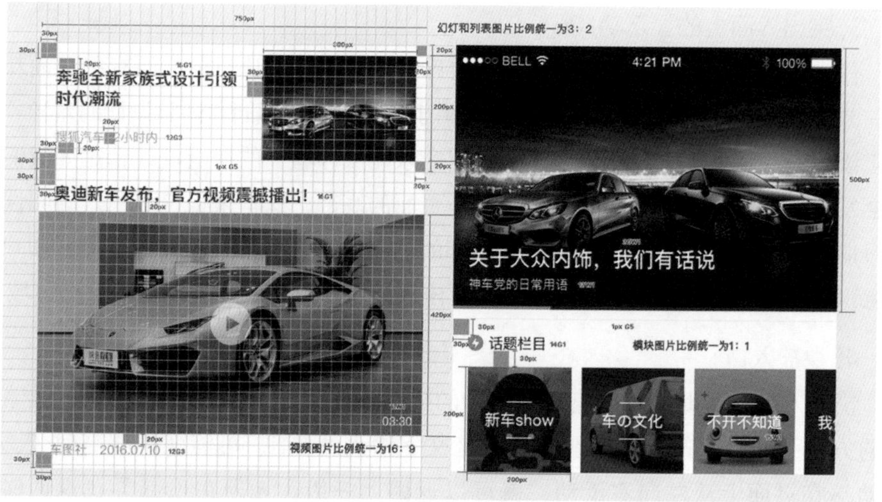

App中资讯模块的设计规范

2. 允许用户犯错

我们不能保证每位用户都能轻松自如地操作我们的产品，用户肯定是会犯错的，我们要给用户改正错误的机会。现在玩游戏经常会遇到要求付款的弹框，要让用户能明确感知到，且应提供取消付款的方式，即使不小心付完款，也应有申请退款的流程。这样用户就可以放心大胆地玩，也就没有什么后顾之忧了。比如微信的撤回功能，因为人们经常会遇到打错字或发错信息的情况，2 分钟内还有机会撤回，这赢得了用户口碑。下图左侧所示是支付宝网页端在输入银行卡时的界面，卡号放大且分段展示，有效防止用户犯错，造成不必要的损失。图右侧所示是短信中对信息进行提取并转换显示方式，方便用户快速记忆，减少犯错。

防止用户犯错

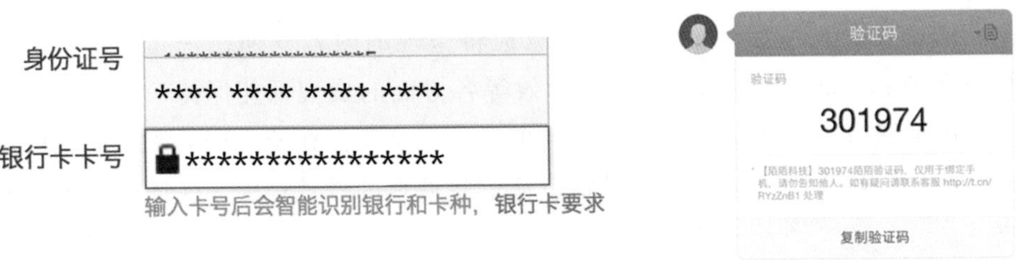

银行卡填写和短信提醒

3. 突出界面上的显示功能

有的页面设计让用户很困惑，用户要思考很久才能到达目标，而有些页面却可以一键完成任务。造成这两种结果往往是由于产品策略的不同和体验设计的差异。页面应该达到一目了然的效果。设计师根据需求完成体验上的层级设计，比如我们经常会发现很多与提交类似的按钮都被置于页面的底部，这本来很符合用户的阅读操作习惯，但当按钮被设计成紧贴屏幕底部的色块时，往往很容易被忽略掉，用户会下意识将其理解为屏幕的一部分。我们应该从用户的角度更友好地突出重点区域。

4. 快捷入口

快捷入口是帮助用户快速找到目标的捷径。比如 iPhone 的 Siri 用智能语音对话的方式为用户快速解决问题，如果是文字输入的 Siri，可能就不够高效了。在移动端在页面上从左向右滑动，就可以返回上一级，无须在顶部寻找返回键或者 Android 上的物理返回键，这样大大地提高了操作效率。列表从右向左轻轻滑动即可出来删除类操作按钮、翻阅电子书时轻触屏幕左或右侧可实现上下翻页，这些都是为了实现快捷。Android 手机上需要长按屏幕才能出现可操作菜单的按钮，这个体验针对使用 iPhone 手机的用户来说绝对是个盲区。如下图左侧所示是 Android 的 Material Design，它将右下角的悬浮按钮作为快捷入口定位系统的标配。图右侧所示是 Path 提出的快捷入口设计的行业标签。

快捷入口的高效

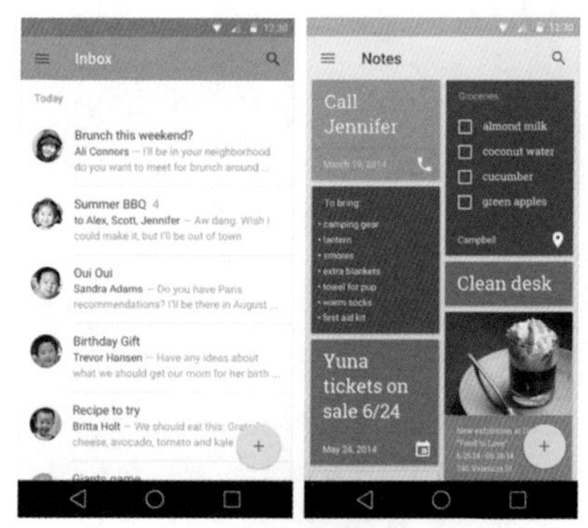

Android的快捷入口

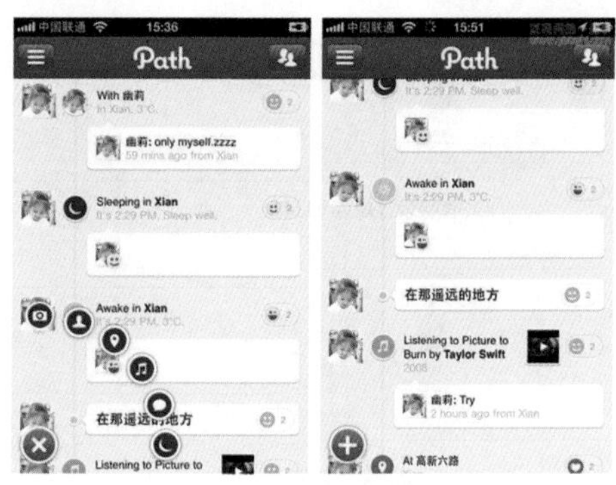

Path的快捷入口

5. 提供个性化的选择

Android 手机的物理键的返回键有的在手机左侧，有的在手机右侧，因为有的用户习惯用左手操作，有的用户习惯用右手操作。怎么才能兼顾到两种体验的存在呢？锤子手机在这点上允许用户在系统里自由设定左手或右手操作，这个功能也为其赢得了不少粉丝。每位用户都希望自己与众不同，提供个性化的选择无疑就是在高效满足用户的需求。

6. 列表设计

产品中针对多于 3 条内容的表现形式多选择列表。列表的体验方式有瀑布流和分页两种。列表展现又有图文混排、纯文字分布、图标等形式。一般来说阅读图文形式的列表的效率可能大过于纯文字列表。设计师应针对不同类型的产品选择不同的设计形式，社交产品可能选择头像加文字的列表会更好，而热点资讯使用纯文字列表的效率会更高。

7. 图标设计

使用用户达成共识的图标相比纯文字会更加高效，例如人们看到左箭头就知道是返回，看到小房子就知道是返回桌面首页，看到齿轮就是进行设置等选项，这些相比文字表达得更加清晰高效。图标不仅可以提升视觉效果，更可以清晰地表达其功能。在产品中设计一套统一风格的图标更容易被用户接纳，相反，设计风格不同、表意不清的图标则更容易让用户产生困惑。

图标设计统一规范

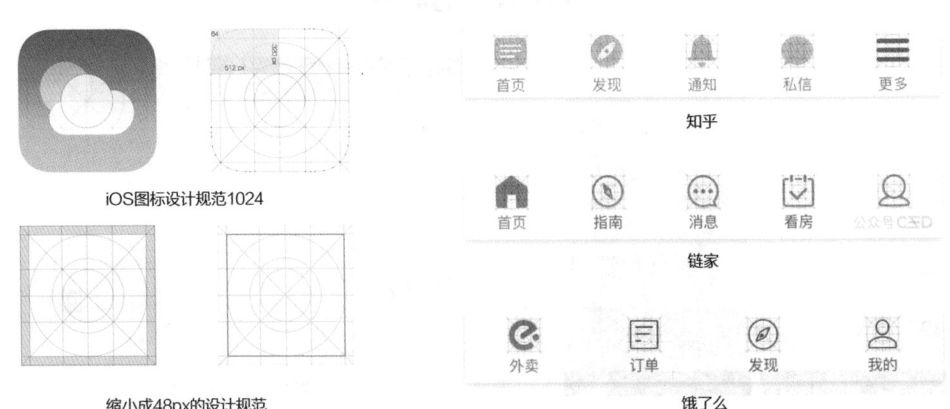

8. 提示和帮助信息

在填写表单的时候，经常会遇到限制字数、密码规范形式、输入格式等情况，这些提示帮助我们迅速完成表单的填写。涉及复杂的操作，友好的提示或帮助信息可以大大缩短用户的思考时间，提高效率。好的表单设计，在每一项用户可能产生疑惑的地方都能提前给出相应的提示，输入信息正确与否也都能实时给出验证结果，根本不用等到最后提交才知道哪里出错了。

9. 标签导航设计

标签导航已经在很多界面中被广泛使用，至今依然是最有效的导航菜单之一。其好处在这里就不赘述了。这种导航解决了栏目多的问题，交互逻辑上也很好理解，且不用把所有入口都列出来，提高了用户选择阅读的效率。其缺点是首标签的曝光远远大过于后几个，设计师可以根据用户的产品需求在设计上做权衡。

10. 模态设计

遮罩弹窗在产品中被称为模态，很多人不喜欢。因为很多产品上来就用它来打广告，用户最讨厌的就是广告，可很多产品需要靠这种广告盈利。曝光流量越大的位置，广告主就越愿意出大价钱购买。模态设计形式通常都是在一层带有透明度的深色遮罩背景上，设计一个呈现业务内容的弹出层，屏蔽当前页面的视觉干扰，使用户视线完全聚焦于当前层，效率更高。

以上是在产品中常见的一些提高效率的体验设计，产品为用户提供高效解决问题的服务，绝对是永恒的宗旨。我们不想用户在使用产品过程中，注意力受到很多干扰而被分散，耽误了不必要的时间，产品应该致力于高效解决用户的需求。

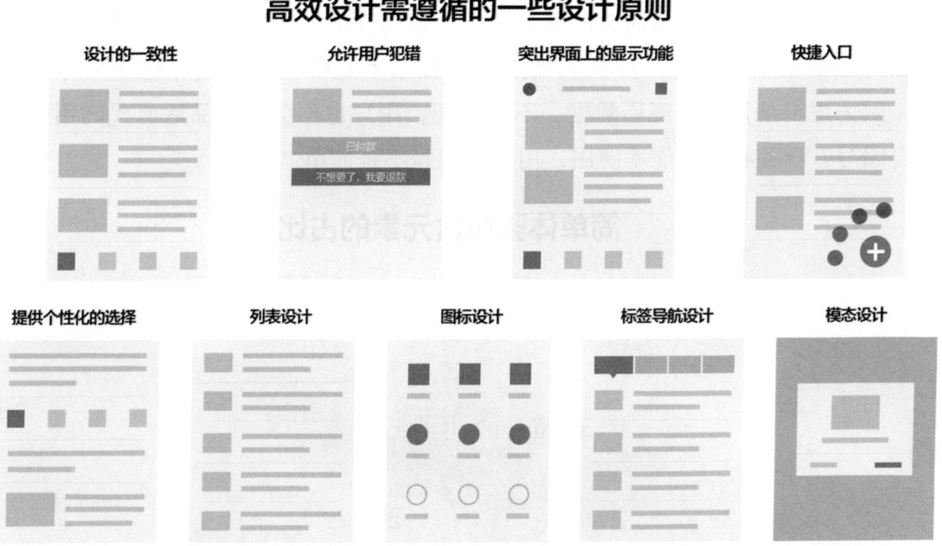

10.3　简单思维

简单思维就是用简单的思路破解复杂的逻辑，比如 iPhone 诞生的时候，谁也没想到只保留 Home 键就足够了，伟大的产品就是这么简单。简单思维的核心是简化复杂的逻辑，而不是没有技术含量。网上经常会找到一些大神针对某些游戏或者难题提供的攻略，这些大神经过实践验证，攻克了困扰很多人的问题。设计本身就是化繁为简的过程，产品要想有市场就应该减少用户的学习成本。比如换系统，很多人买了光盘却不会换系统，就是因为需要输入命令符 Format C（格式化 C 盘）后才能顺利安装系统，即使顺利安装好后，也还要寻找各种驱动才能使电脑正常运行，因为导致很多人专门靠帮别人装系统来赚钱。后来电脑都自带一键恢复系统和驱动盘，解决了困扰用户的这个难题。

10.3.1 三个维度

简单的体验设计反映在三个维度：视觉、交互、逻辑。

视觉层就是化繁为简地表达出页面的层次结构，分清主次，触发用户的情感共鸣。

交互层用于完善产品人机交互，决定了产品好不好用、反馈给用户的导向清不清晰、用户的使用成本高不高、是否符合用户的体验习惯等。

逻辑层用于体现产品内在的开发逻辑，是内在的框架结构，产品将复杂的逻辑在开发框架上处理好，那其表现层肯定复杂不到哪去。想做好这一点并不容易，因为逻辑是复杂的底层数据，不好梳理，用户也不关心产品后台代码用什么语言编写？只关心产品能不能用，用的时候是不是简单。

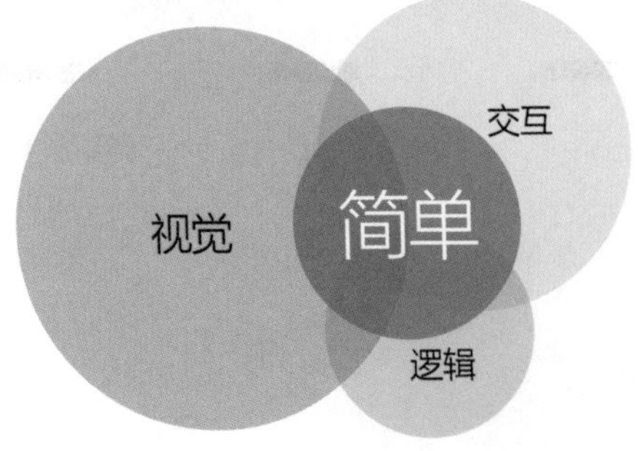

简单思维是一种思考设计的方法，带着这种方式去设计产品，可最大程度降低用户的学习成本。

10.3.2 用户不关心算法

很多网站都设有填写表单的要求，相信很多人都因此困惑过，即使是严格地按照规范填写到最后，提交还是不成功，且没有具体说是哪一项出了问题。比如出入境网在线上采集信息时就有这么一项：籍贯的信息可以打字输入，可你输入后却发现提交不了。因为这个籍贯的表单不能手写，需要在表单处点出下拉选项，选择某一项才会生效。这应该是因为工程师在开发时定义好了对应地点的条件属性，可用户并不知道这个逻辑，在操作的时候会陷入迷茫，只能一遍遍尝试，直到发现是这个问题为止。

我们在优化频道产品时，有一个需求——优化表单，原因是现有的表单转化率很低，而且他们觉得这是由于表单设计不好导致的，但其实引起转化率低有好多因素。

我们好好体验了表单页面，想找找导致转化率低的主要原因，发现表单确实存在一个很严重的体验问题，而且很有可能是直接导致转换率低的原因。这个问题即表单的操作流程，当前用户到最后提交的时候才请求服务器反馈，这就相当于用户只有到最后提交才能知道哪些选项不符合规范。如果没有按规范填写，就提交不了。没有出问题还好，出问题就非常影响用户的使用效率。

我们建议对用户填写的每一步都做验证，而且实时给出结果反馈，比如输入用户名时反馈系统是否有重名的，如果有，建议用户换一个；手机号输入不符合规范或已使用过，也立刻反馈给用户，建议换个手机号等。这些反馈在开发层面就是要向服务端发请求，是服务器在数据库中进行比对后做出的判断。当我们提出这个体验优化后，后端工程师认为这会给服务器造成很大的压力。经过几次沟通后，这个页面最终还是完成了体验优化，上线后转化率上升了近 20%。用户并不关心给服务器造成的压力，只知道这个表单让我填了好几遍才成功，不仅仅耽误了时间，还增加了很大的学习成本。

表单优化前后对比

旧版表单页面　　　　优化后的表单设计

用户很多时候并不会关注做产品时的重重压力，只关注产品最终呈现出来的效果和体验。这不禁让人想起 2016 年轰动世界的人机大战，AlphaGo 对战围棋世界冠军职业九段选手李世石，最终 AlphaGo 以 4∶1 的大比分优势获胜，随之该程序在中国棋类网站上以“Master”为注册帐号与中日韩数十位围棋高手进行快棋对决，连续 60 局无一败绩。2017 年柯洁也挑战了 AlphaGo，结果大家也都看到了，不出意外地输了。各大媒体开始炒作人工智能有望取代人类的事实，我们都只看到了 AlphaGo 产品所表现出的成绩，可 AlphaGo 不断升级的核心算法却没人报道，如果官方给出它升级了哪些核心算法，估计没几个人关心。站在用户的角度，只要能高效地解决需求，快速得到简单的结果，不需要知道产品体验背后的底层代码是多复杂的逻辑算法。

AlphaGo对战两位世界冠军

AlphaGo对战李世石

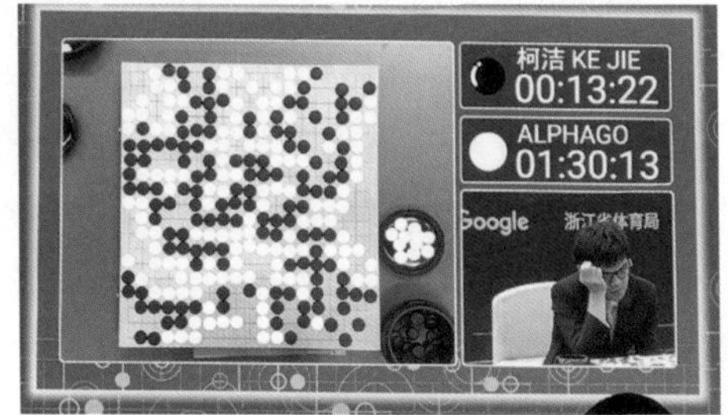

AlphaGo对战柯洁

用户使用产品是希望可以快速地解决需求，如果受挫，体验会很差。例如，曾经 QQ 的 Mac 版更新到某个版本后，用户查找好友时，在搜索框内输入同往常一样的关键字，结果却匹配不到近期的联系人，反倒是多年没联系过的人却被搜了出来。很多网友留言反馈类似的问题，官方给出的回复是新版使用了新的搜索算法。听着是不是有点耳熟？按理说更新算法应该可以更快速地搜索到结果才对。可见用户并不关心你更新什么算法，如果他能顺利地完成想做的事情则万事大吉；反之，可就不好说了。

10.3.3 傻瓜式体验

美国《实验心理学》杂志研究发现当学生一边做其他事一边做复杂的数学

题时要比专心只做题慢了 40%。研究还发现“一心多用”会产生负面的生理反应，会加快应激激素和肾上腺素的分泌，可能会导致恶性循环：无独有偶，加州大学科学家马克研究显示：当人们在不同工作中快速地换来换去，其效率反倒很低，这样的状态持续 20 分钟后，他们的血压就会有明显的升高，而且挫折感更强。我们努力地“一心多用”，想在同样的时间内去完成更多的工作，可实际却花费了更多的时间而完成更少的事。这样的理论启发我们在设计产品时尽量不要让用户分心，减少干扰，更简单地解决用户的需求。

早先相机的使用非常复杂，直到柯达出了一款物小价廉、一键操作的相机，才引发行业巨震，开启了全民摄影的大幕，更是引入了一种傻瓜式的操作体验，这种体验也被应用到了人机交互中。用户都喜欢傻瓜式体验，一键解决所有问题。比如自动存取款机设置一键存款、客服电话设置一键投诉、汽车设置一键启动、智能家电设置一键开启、视频无网络时设置一键看离线。这种傻瓜式一键操作给用户带来极致的体验。

相机进化前后对比

早先用于拍摄火车的相机

柯达傻瓜式相机

现在的相机

Android 系统的手机经常会遇到安全、卡顿、内存不足等问题，猎豹抓住这个痛点针对海外市场开发了一款猎豹清理大师（Clear Master 国际版），专治 Android 手机的安全清理问题。这款产品在全球 62 个国家的 GooglePlay 工具类排行榜中位列第一，获得超过 1300 万用户的热评，用户评分达到了 4.7 分。企业不太喜欢做工具型的产品，因为太难变现了。但猎豹利用自己的技术优势，做出了这款极致体验的安全大师。该产品的首界面就是一个会呼吸的透明气泡，作为产品的意见体验主按钮。伴随着呼吸的动效不断地向外扩散光环，结合产品检测的背景颜色来判断手机是否需要清理，完全傻瓜式的一键体验操作。

猎豹安全大师的简单设计

安全状态

危险状态

扫描状态

测速状态

10.3.4 别让我思考

著名的体验大师 Steve Krug 在《 Don't make me think 》一书中提出了关于 Web 端体验的三大定律：

第一定律：别让我思考。

第二定律：点多少次没关系，只要点击都是无须思考、准确无误的选择。

第三定律：去掉每个页面上的一般的文字，然后把剩下的文字再去掉一半。

Steve Krug 在书中不仅总结了定律，还指出很多简单思维的设计观点：

1）用户并不会一个一个地阅读页面上精心提供的所有内容，而是迅速扫描找寻自己关心的内容；

2）使用人们所习惯的操作，虽然会显得没创意，但恰恰是用户需要的；

3）明显标识可点击的区域，看似可点实则不能的体验更让人抓狂；

4）避免冗长的指示性文字，虽然你以为这样会很贴心；

5）时刻让用户清楚自己在产品中所处的位置；

6）产品的口号需要表述能为用户带来的好处，而不是公司的使命；

7）多做可用性测试，你会发现很多意外，比如不经意的卡顿或崩溃。

以上这些设计观点，虽然说的是网页端的设计，但对移动端设计同样适用。比如我们通常觉得标注是非常复杂的工作，必须要用到 CAD 之类的专业软件才能完成，但 Markman 就是一款使用起来非常简单的标注工具。再比如，移动端的产品设计都是在电脑上完成的，电脑上呈现很好的效果在手机上却不一定好，设计师需要把图传到手机上，一遍遍修改，效率很低，为此腾讯开发了一款 PS Play 的软件，可以在手机上实时预览到 PS 里面正在进行的设计图，使用起来还超级简单，一键连接好就可以实时同步设计图，没有学习成本，大大方便了设计师。

PS Play和Markman

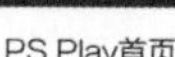
PS Play首页

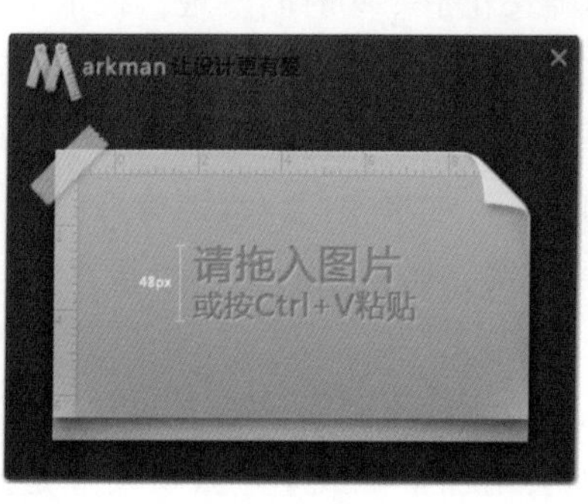

Markman首页

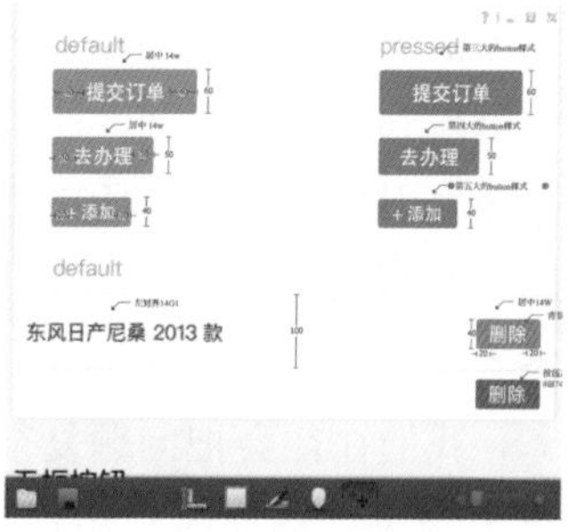

Markman标注图片

10.3.5　生活中的简单事例

某著名教授跟人们说起一件非常有趣的事情，某次推销商来推销显微镜，但购买他们的显微镜有个附加条件，必须搭配购买他们的擦镜油。如果这么算下来，成本就会被抬高。于是教授想到一个方法，当商人使用擦镜油三两下擦干净发霉的镜片时，教授告诉他们，我们有更好的油，但是不能给你们看，请你们先到屋里去，过一两分钟再来检查。当教授拿着擦好的镜片回来时，商人发现镜片被擦得更干净了。商人拼命问用的是什么油，教授只好说这种东西我们有很多，但不能告诉你。商人悻悻然走后，大家都问教授用的是什么油，教授说是“唾沫”，引来哄堂大笑。教授解释道：“唾沫里含有 IGE 和溶菌酶，对付基础霉斑绝对没问题。”最伟大的真理常常也是最简单的真理，但生活中简单的真理往往会被人为的想复杂。

某汽车制造厂收到两封投诉信，车主反映的问题非常离奇，说每次开车去商店买完香子兰冰淇淋准备回家时，汽车就启动不了，而购买其他两种口味的冰淇淋，车子就可以启动。无论这个问题有多么不可思议，但确实发生了。于是，制造厂派工程师去解决问题。工程师去观察了两天，第一天晚上，车主购买巧克力冰淇淋，车子正常启动；第二天购买香子兰冰淇淋，车子启动不了。工程师不相信车子会对香子兰冰淇淋过敏，在接下来的时间里，他仔细观察记录车辆的各组数据，如汽车的往返时间等，就这样持续了好几天，仍然没有找到问题的答案。后来工程师无意中发现，车主购买香子兰冰淇淋所花的时间比购买其他冰淇淋所花的时间要短。他觉得有点蹊跷，遂到商店看个究竟。原来香子兰冰淇淋很受欢迎，所以摆在货架前面，很容易取到；而其他冰淇淋摆放在货架后面的分隔里，需要花较长时间才能拿到。这一下子把这么复杂的问题简单化了，变成了只有一个停车时间长短的问题。工程师又花了一些时间发现，根本不是什么车子对香子兰冰淇淋过敏才导致启动不了，而是因为购买其他口味的冰淇淋所花的时间长，引擎得到了充分冷却，所以可以正常启动；而车主购买香子兰冰淇淋所花的时间很短，引擎还很热，所以启动不了。如果我们一直围绕着汽车对香子兰过敏的问题进行思考，估计永远得不到答案，而换到引擎的维度来思考，则很容易找到答案。

我们往往会把问题复杂化，苦于找不到简单解决的方法，索性就用复杂的思维去解决，这反馈到用户层面会增加学习成本。人机交互是把复杂的体验简单化，追求极致的体验。

第 11 章 设计师的 6 个禁忌

◎霍冉冉

设计师要始终保持天马行空的想象力和充满激情的创造力，设计要永远创新；然而设计能力不是一个优秀设计师的全部，理性的工作方法会让设计成果得到更多的认可，也能让设计师在工作中获得成就感。一个好的设计师不仅要有高超的设计水准，更要具备理性的工作方法。在工作中知道什么可为、什么不可为、怎么为……下面总结了如下六条设计师常犯的工作禁忌，希望能给来人以警示。

11.1 不要拿到需求就直接做

在很多产品经理和开发人员的眼里，这群天天用 PS 做界面美化的人叫作“美工”。他们认为：产品制定好操作流程，画好 UE 图，“美工们”就开始流水制作界面效果图。同时很多所谓“设计师”由于缺乏应有的产品知识和对于产品经理的盲目信任，也会不假思索地开始按照原样设计。

美工的职能只是负责美化处理，设计师可完全不同，页面美观是要根据需求来设计想传达给用户的内容，还要结合体验来为用户打造很好的交互方式。这需要设计师从界面设计到产品逻辑再到用户体验全局把握。设计师在接到设计需求后，首先要考虑的是整个操作流程和产品逻辑的合理与否。把自己当作用户，去进行每一个操作，去体验每一步操作的合理性。

捋顺操作逻辑

a)　　　　b)

注：*车型下包涵多个车款，如宝马 X5 是车型，这个车型下包含舒适型、尊享型、领先型等多个车款。

图示是产品经理提供的对比库 UE 图。对比库的功能有两个：

- 用户可以通过添加按钮添加车型和车款；
- 用户可以每次选择两个车款进行车款纬度的对比，也可每次选择两个车型进行车型对比。

图 a 的问题在于：虽然用户很清晰地看到对比库所有的内容（车型和车款），但是用户未必清楚车款和车型的区别，一旦选择了一个车款或者一个车型，两个对比按钮将都不可点。用户需要通过几次试错来了解对比规则，这样造成的用户挫败感非常不好。设计师必须要把自己当作“小白”用户去模拟体验整个操作流程。想当然的认为用户应该明白是不可取的。最后把整个对比库从一开始就分为车型和车款两个模块，用户想进行什么维度的对比就选择相应的分类模块。用户不再需要小心谨慎的选择，体验更加自然。

设计师要和产品经理反复沟通产品逻辑和用户体验，彻底弄清楚设计原因、设计要达到的目的，捋顺产品逻辑。设计师要站在产品的角度去思考产品的整个逻辑，想要传达给用户什么，哪个是重点，哪个又是次重点，才能更好地去做体验设计。如果设计师只是单纯地做设计，不理解产品，又怎么才能设计出好的产品体验呢？设计师不止是执行者。

11.2 不要忘了你才是设计师

收到设计需求，完成令各方都赞叹的设计是每个设计师的理想。但大多数时候，需求方在向设计师提需求的时候，会希望设计师按照他们脑海里形成的模糊方案进行设计；领导验收成品的时候会按照自己的喜好对设计提出修改意见；同事、用户也总能提出自己的喜好和看法。设计师往往会感到迷茫，该听谁的，不听谁的，难以抉择。

在这个时候首先平静自己的情绪最为重要。换位思考，需求方为什么会有这种意见，结合到自己的作品中，问题是否切实存在？如果对方说的确实有道理，那就想办法如何进行优化，以做出令双方都满意的产品。

甄别合理化建议

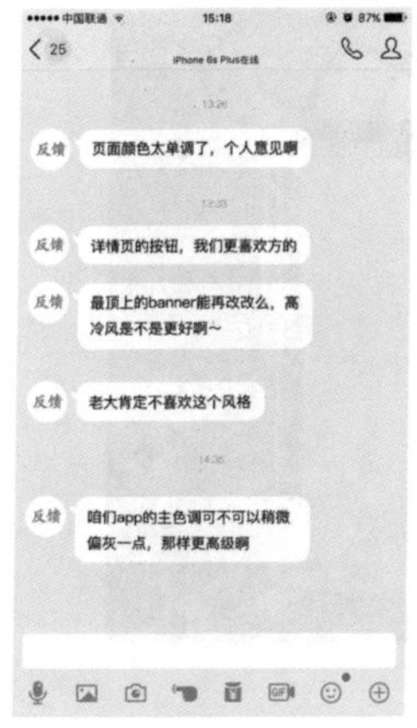

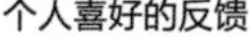
个人喜好的反馈

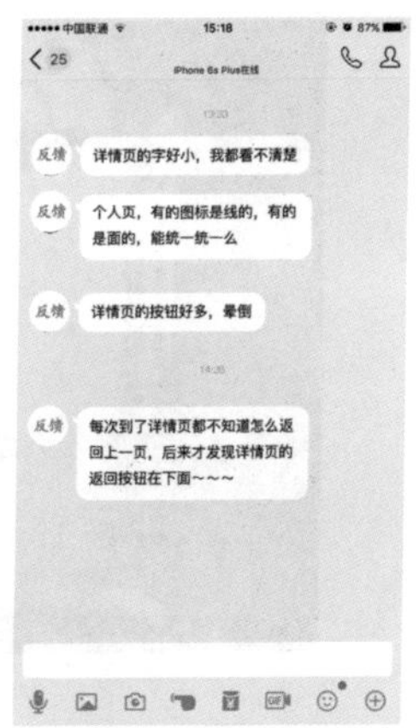

关系到用户体验的建议

过自己的关，相对容易，难得是统筹各家之言。在倾听意见的时候要弄清楚这些意见是针对哪个方面提出来的，是纯属出于个人喜好？还是出于产品功能和体验考虑？学会对反馈意见进行分类。如果是出于个人喜好的原因，那设计师要从专业和用户体验的角度分析其可行性。如果是产品功能和体验相关的意见，要设身处地地思考对方的顾虑和其他方案，探讨分析双方方案的优缺点，尽可能解除对方顾虑。在设计过程中，设计师一方面要保证设计专业水准：要始终秉承有理有据的设计理念，让设计立得住脚，保证设计的专业性；另一方面要过需求方和用户那一关：要学会倾听建议，选择性地接收合理的意见，进行完善。

设计师本身肩负着产品整体视觉形象的职责，责任感必须要强。须知，设计师最终要对设计结果负责。

11.3 不要让用户只记住你的设计

相信很多从艺术院校毕业的设计师在学校学习的时候，接触最多的是贯穿“概念”的设计。这点从设计学生的毕业展也能看出一二：90% 的设计作品在不看设计说明的时候，用户是看不明白的。学院崇尚概念设计的氛围，这无可厚非。但是进入设计师岗位，再接到设计需求，还保持这种模式，忽略用户的感受是行不通的。

2017互联网营销案例

百雀羚广告

2017 年一夜之间传遍朋友圈的百雀羚广告想必大家仍记忆犹新[㊀]。这个长镜头广告在公众号微博制造了 10 万 + 的文章。广告中女主穿过一整条街道，街道两侧可以看到很多民国时期的黄包车、小笼包、旧式报纸、杂志，以及建筑、服饰。最后女主战胜“时间”。寓意百雀羚帮助女人战胜时间。但是这个广告有一个致命的问题：观众欣欣然谈论广告里的食物、建筑，却很少有人看懂了主题。

㊀ 摘自搜狐科技文章：https://www.sohu.com/a/214022630_669280。

点击进入官网购买产品者据统计只有 1000 +，这个数据宣告这则广告赚足了眼球，却没赚到钱。

不同的产品不同的设计语言

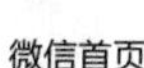
微信首页

京东首页

微信的界面设计算不上惊艳，给人的感觉很冷静、很平和。页面中没有花哨的设计，只有最重要信息的展示；而像京东、淘宝这样的电商应用，首页打开又是另一种风格：热闹的色彩、醒目的标签和炫酷的 banner，从设计的角度看起来甚至有点乱乱的。是微信和京东的设计师不够好吗？当然不是！

设计师不是艺术家，设计之前必须清晰地了解——为了哪个产品设计、产品的用户群体以及设计要达到的目的。设计是有目的，不同的应用，想达到的最终效果不同。百雀羚的营销广告，用到了很多有意思的元素，最后喧宾夺主，使用户记住了广告却忘记了产品，这不可取。微信是一个受众有 8 亿多人的社交类应用，它的设计风格必须尽可能地为大众所接受，所以去设计化反而更能切近用户需求；还必须让用户很便捷的聊天，看朋友圈。微信设计的侧重点是如何让用户方便地完成社交互动，不能给用户造成不必要的干扰。设计上的弱化加交互的流畅才是微信的王道。像京东这类购物应用则需要通过设计达到刺激用户消费的目的。比如大量应用红色、橘色、紫色等高纯度的暖色、放大价格字体、添加各类活动标签、设置活动倒计时……无一不是为了营造一种热闹的购物场景，刺激用户尽可能多的消费。不管是营销广告还是应用 App。产品的目的不同，设计的侧重点也就不同，设计始终服务于产品。

11.4 不要只顾着埋头苦干

设计师只通过设计类网站、设计书籍、设计培训和设计交流来提升自己的设计能力，远远不够。设计师出身的小米联合创始人黎万强在《参与感》中关于如何面试设计师有这样的总结：一看二问三 PK。一看：看看设计师有没有“范儿”；二问：问问设计师玩什么，最近看什么书；三 PK：最后才去看设计师的作品。这个二问，就是问问设计师兴趣是否广泛，有没有走出去研究的热情；是否有深入阅读的习惯，有没有形成系统的设计思维。一个只知道待在电脑面前努力赶稿子的设计师没有办法持续地做出好设计。

搜狐汽车UXD体验设计团队例会分享

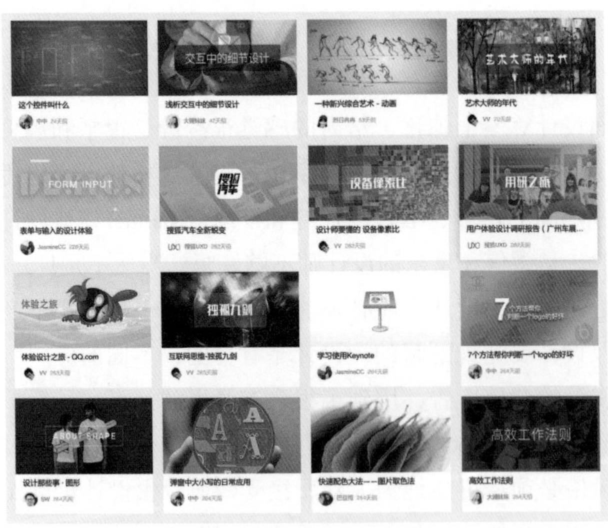

搜狐汽车 UXD 体验设计团队每周都会进行例会分享，分享内容不局限于设计领域。一切与设计与艺术相关的领域都可拿来与大家分享。参与团队交流的好处就是用最少的时间接触更多的新鲜事物。在交流中有的设计师喜欢足球，分享有关于足球方面的有趣设计；有的设计师喜欢动画，分享动画发展的过程，结合设计发展的规律会受益匪浅；有的设计师热衷于研究美术史，从经典艺术作品中提炼设计语言……多多了解设计之外的新鲜知识有助于设计师开拓思维。

搜狐汽车 UXD 体验设计团队曾在广州车展参加用户体验设计调研，制作了有针对性的调查问卷，面对面和用户交流用户体验。两方都是初次见面，交流中非常融洽，用户获得了被尊重感，设计师多了一份使命感。最后再通过严谨的调研分析方法找到对设计有指导意义的数据。在活动现场还可以看到很多竞品和他们的活动形式，也是了解对手的第一线。

设计是一门很综合的学问，除了设计技巧本身，设计师的产品思维、兴趣涉猎、市场洞察能力都会对设计起到正向促进的作用。设计师要积极创造走出去的机会，多关注时事热点，培养除了设计之外的兴趣爱好；走出去看看展馆里、市场上的好设计，保持走在潮流的前沿；和不同的人群交流，和用户面对面的交流，了解用户的想法，每个人都可能会给到你不一样的启发，这样才能做出接地气的好设计。

11.5　不要随波逐流

初入门的设计师，对产品及用户体验的知识了解有限，在做设计的时候会经常犯错误。老人为了避免新人犯错，传授给新人一个窍门：那就是多看看竞品怎么做。新人设计师在借鉴竞品后，依葫芦画瓢会快速完成需求。不可否认，这样会避免新人犯很多错误，快速了解产品并培养产品思维，对于一个新产品的快速上线也有很大的帮助。但是久而久之，一旦设计师的思维固化不再开阔，思维懒惰“借鉴”成风，那就变成了一场灾难。

《东家·守艺人》是一款手工匠人作品展示和售卖平台。整个产品的定位就是传承中国手艺，聚集追求传统文化和高品质生活的人群。从 logo 设计到页面布局，再到 banner、图标，每个细节都围绕产品古朴典雅和匠人气质进行设计。用户看到它的第一眼就能被迅速吸引。这样一个“美”的产品，需要的是对产品特色的挖掘和提炼。设计师做到一定的程度，或者说产品到达一个稳定迭代的周期后，设计的侧重点将不再是快速的功能加减，而是围绕产品定位，对设计深度的挖掘。一个产品要从同类应用中脱颖而出，摆脱流水线似的设计模式，明确的自身特色非常重要。要找到产品区别于竞品的特色，并通过设计的手段去强化。设计师应该敢于挑战“自然的法则”，对固有模式说 NO。如果整个行业的设计你“借鉴”我，我“借鉴”你，彼此越来越像，大家都不创新，行业何来新的血液。

独辟蹊径的设计定位

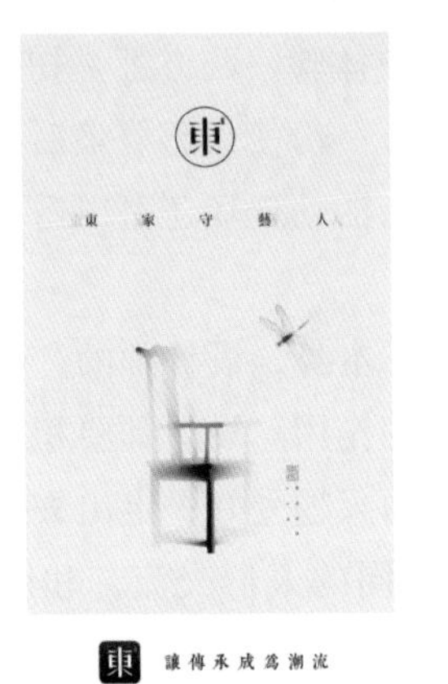

东家 • 守艺人App

在同质化产品盛行的当下，有“卖点”的产品才能脱颖而出。如何被用户记住？在细分好产品受众、做好产品定位的同时，视觉形象要围绕这个产品定位，给用户一个更加明确的视觉感受。这是一个看脸的世界，视觉上的优势带来的好处不言而喻。一个既实用又美观的产品是用户拒绝不了的。所以从大到整体设计风格的定位——抓准产品特点，小到每一个设计元素——锦上添花，都融入设计师的心血，才能最终促成一个精品。**设计师要像创造一个品牌一样去放大产品的特点，像营造品牌形象一样去设计每一个细节。**

11.6　不要认为团队缺你不行

一个成熟的团队由多个设计师组成，每个设计师都有自己的设计风格。单拎出来都很优秀，但整合他们却并非易事。有时候团队里面会出现一些设计师，作品好、资历老就认为自己很厉害，不学习别人的作品，遇到问题，喜欢以资历压人。其实每个人的设计出发点不一样，设计的结果也不一样，资历浅未必做不出好设计。多听听他人的想法也无妨，接受更多的设计性才能让自己也得到提高。再者没人喜欢骄傲自大的人，这在团队协作中很容易被排斥，骄傲自大同样也会给其他成员带来压力。

设计是一个需要团队合作的职业，设计师不仅要和产品经理、技术人员沟通合作，设计师之间也是需要密切配合的。在团队合作中，每个设计师都是在尽可能发挥自身优势的同时，不给别人造成影响。所以必要时还须掩盖锋芒，配合团队的风格进行设计。每个人都有自己的强项，但不论自身的能力多高，你的私心、傲气和不可一世，会拖累自己和团队格格不入。要想融入集体，高效地完成需求，就必须站得高一些。不要只看到自己的得失，所有考虑的出发点应该是如何让这个产品更好。把自己当成团队的一份子，每个人都是团队的一枚螺丝钉，尽好每个人的职责，团队会获得快速的发展。团队需要的是配合，不是凸显个人的英雄主义。团队需要的是谦虚、进取、坦诚、责任心、开放、付出的精神，而不是某一个人。团队没有离不开的人，要努力做一个让团队不愿意放走的人。

设计师从意气风发初入职场，到历经打磨日臻成熟，会遇到各种各样的难题。在保持设计能力之外，拥有独立的思考力，理性地分析问题，总结办法，才能最快找到一条适合自己的工作方式。

第 12 章 用户体验场景

◎李伟巍

本章主要讲用户使用产品的场景，首先解释用户体验场景的概念，解构用户场景的框架及其包含关系，整体分析用户场景中的情境类型，结合一些实例讲述常见的场景匹配；然后分析用户场景对用户体验设计的影响；最后通过用户的使用场景来做测试，从而更好地验证其匹配度。

12.1 用户体验场景的理解

在心理学上，当用户具有某种欲望时，就会尝试使用各种手段来满足。当环境中不存在可以达到这种欲望的解决方案时，用户就会用各种尽可能接近的途径来解决，如果一直得不到解决可能就会有意外发生。解决方案是产品，而用户通过产品解决需求的过程，就可以理解为用户的体验场景。

12.1.1 以用户和产品为中心

比如走在路上口渴了会搜罗附近有没有卖水的小卖铺或超市；周末和朋友逛街逛累了，想吃点东西，会打开手机软件找吃饭的地方；圣诞节快到了，想要订花给女朋友，会询问身边朋友或上百度找哪里有好的花店。

以产品为中心，用户场景即用户在使用产品时的场景。比如每天什么时间登录微信，早晨醒来、上班路上、公交上、地铁上、工作中、吃饭中、如厕中、无聊时等，这些都是我们打开微信的正常时间段，即我们使用社交软件的场景。再比如电商购物，天猫、淘宝、京东等平台，都是主流的购物比价平台，只要有购物的需求，用户随时随地都可能下单。这种随机性的体验就是消费者购物的使用场景。

12.1.2 场景类型

生活中的场景数不胜数，不同场景下产生的是不同的用户需求，解决不同需求的背后，是基于场景提供服务的产品。可见当我们的产品和用户场景割裂之后，就会发现做产品很容易陷入“老板式”或者“拍脑门式”的设计。不结合真正的场景做出的产品就是在耍流氓。我们能接触到的用户场景基本可分为三大类：原生场景、网生场景、融合场景。

原生场景：原生场景与人们的生活息息相关，就是能满足人们在日常生活方面的需求的场景，比如关联人们衣食住行的生活服务、医疗 / 保险、健康、饮食、购物、旅行、房产、出行、文化娱乐等日常生活中的场景。

网生场景：网生场景是由于新技术的进步或互联网应用形态的创新所催生出来的新兴场景；比如由应用比较广泛的人脸识别技术、文字识别技术（Optical Character Recognition，OCR)、增强现实技术（Augmented Reality，AR)、虚拟现实技术（Virtual Reality，VR）等催生的场景，或由互联网新兴的应用形态，如直播、短视频、智能家电、智能出行、人工智能、无人机、机器人、可穿戴设备等催生的场景。

融合场景：融合场景是指融合了线上入口、线下资源为用户提供真实体验的场景，比如 O2O 产品和服务提供的就是线上购买服务，在线下实体消费的场景。

场景图谱类型

原生场景　　网生场景　　融合场景

12.1.3　产品中结合场景的实例

产品并不仅仅是要为用户解决问题，还要考虑用户使用时的真实场景。比如家里、办公室的网络环境相对良好，但到了地铁上，网络就变得很不稳定，这样的体验肯定很不舒服。我们不能简单地建议用户在地铁上尽量不使用产品，这样做肯定行不通。我们要做的是结合用户的使用场景出一些解决方案，比如视频类的产品增加很多缓存，在网络状况好的时候，优先加载信息，用户看到的其实都是加载好的本地信息，即使没有网络，也可以继续播放已加载好的视频。产品应该将用户的使用场景考虑清楚，而不是把问题推给用户。乘坐公共汽车或者去超市买东西，经常会碰到，一只手扶着把手或者拎着东西，另一只手操作手机的情形，这就意味着产品在设计的时候就应该考虑到用户单手操作的场景。

再比如，大家都有过微信转账的经历，这就是一个非常好的支付场景。日常生活中经常会遇到收款的一方碍于面子不好意思收的情形，基于现实生活中的这种场景，微信转账专门设定了如果收款方收到消息后 24 小时内没有点击接收，就将钱退给付款方，这就维持了现实中遇到的碍于面子不好意思收的场景。而支付宝的逻辑完全相反，收款方收到的款项是实时到账的，直接避开了碍于面子的尴尬场景。微信和支付宝都有考虑用户的这种场景，但它们的解决方案各不相同，对于用户而言，可以结合自身的状况各取所需，二者都满足了用户在这个场景下的需求。

微信和支付宝转账逻辑

微信转账场景

不接收退回页面

支付宝转账直接到账

搜狐每年举办一次 Hacks（黑客马拉松）大赛，很多员工都会踊跃组队报名。曾经有一队做了一个产品，是私密的变声语音产品，就是把语音变声后再发布出去，这个创意其实很新颖，而且市面上还没有类似的产品。评委们现场测试了一下，确实能变声发布。可是问题来了，我们什么时候用这个产品呢？平时一直拿在手里听显然不合适，有位评委说，我们开车的时候可以听。这句话其实就道出了产品的真正问题所在，用户的使用场景是什么？总不能只能在私密空间用吧？这就是没有考虑好用户的使用场景。

私密变声语音产品

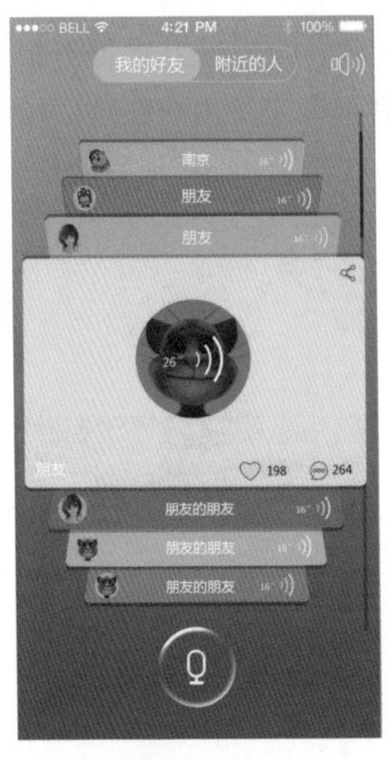

语音信息首页

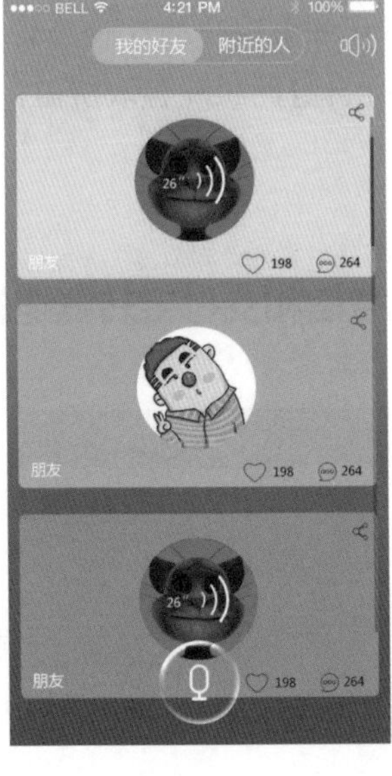

信息列表页

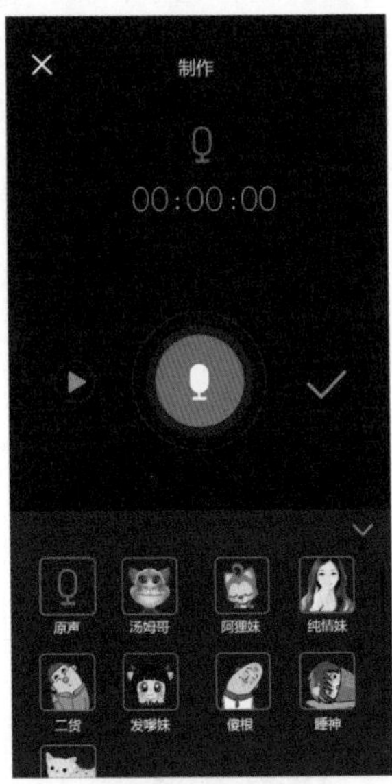

录制语音界面

12.2 解构用户场景

我们对用户场景已经有了一个初步的理解，接着再来解构用户场景的组成部分。它们之间又存在什么关系？用户场景围绕用户才能产生，所以用户就是场景中的主角，我们将其定义为 Who ；场景必须基于一个空间维度，在这个空间下才能让人们发生一系列联想，我们将其定义为 Where ；用户是真实存在的，必然有自己的生活方式，这就势必有一个标准来告诉用户，该做什么，这就是时间维度，我们将其定义为 When ；用户置身于某一个三维空间中，到了某一个时间节点，用户会选择做什么事情，这就是用户的动机，我们将其定义为 Why ；既然用户已经有了做什么的动机，那产品是否能为用户提供解决方案，我们将其定义为 Service。用户的需求被产品所提供的服务解决了，形成一个场景的完整过程。所以用户的场景可分为 Who（用户）、Where（空间）、When（时间）、Why（动机）、Service（服务）这 5 个组成部分。

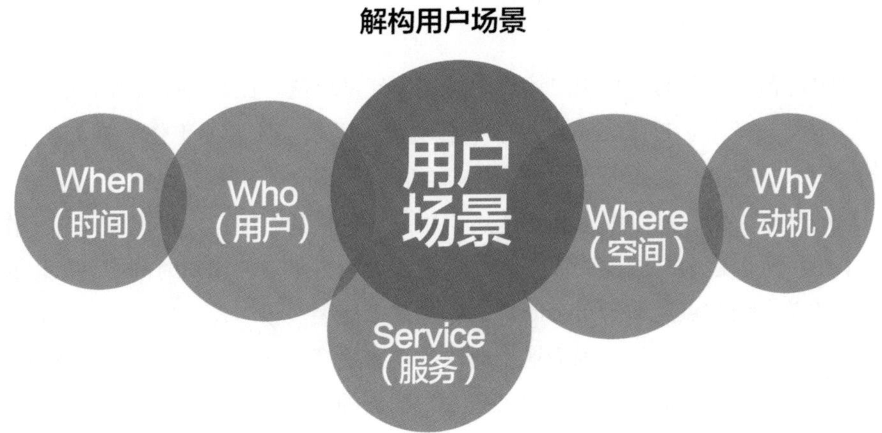

12.2.1　Who：用户

用户场景中的用户，是这个场景中的主角，所有的下文都是围绕这个主角展开的。有用户是用户场景能成立的先决条件。比如我们为用户量身打造一款记录其财富积累过程的产品，供其在里面任性炫耀，上线后却发现没有用户使用。原因很简单，就是人们觉得财富是个人的隐私，谁也不愿意一览无余地展现给别人看，这样的产品是不是竹篮子打水一场空？所以说有用户是场景建立的基础条件。

12.2.2　Where：空间

空间是用户场景中占比非常广泛的一项。比如一款产品，我们在家里、地铁上、建筑工地这三个空间场景中的体验是完全不同的。其中，家里的网络会比较好，在这样的环境下信号也会比较好，很多产品都表现不错；换到地铁上，人挤人不说，可能还要腾出手来扶着把手，网络信号也变得时有时无，甚至一直接收不到信号，脑子里时刻还要关注有没有坐过站，在这样的场景下，音乐类的产品会是一种不错的选择；建筑工地最突出的特点是听不见声音，耳机声音开到最大都很难听清，在这样的场景下，很难匹配到合适的产品。我们在设计产品的时候，一般是基于室内场景，在完美的空间场景下做出来的产品，肯定体会不到非完美空间环境下出现的非理想状况。难道说用户在这些空间环境下就没有需求了吗？显然说不通，所以空间环境是我们做产品设计要考虑的重要因素之一。

12.2.3 When：时间

时间是客观存在的，是用户场景中的一个计量单位。比如每个工作日的上午要起床、洗漱、坐车、打卡、工作；中午会吃饭、娱乐、休息、工作；晚上会下班、坐车、回家、吃饭、娱乐等；而到了周末会睡觉、聚会、旅游、娱乐等。这是上班族一周的基本生活，其中晚上和周末属于用户最放松的时间段，可以做点和工作无关的事情，所以这个时间段变成了产品人想方设法去争夺的用户时间。各大电视台把晚上的 7 点到 9 点定义为黄金时段，就是这个原因。很多标王广告商也会砸重金争抢在这个时段投放广告，因为这个时段收视率最高，而收视率越高，曝光度就越高，消费者接触到产品广告的概率就越大，购买的概率也就越大，商家赚取的利润自然就越丰厚。

产品基于用户的使用场景考虑的是了解不同的时间段用户的需要。比如早上起床往往需要一个闹钟来叫醒用户；穿什么衣服需要知道天气情况，使用天气类产品获取穿衣指数；使用一些 O2O 产品购买爱心早餐；出门前使用地图类的产品了解一下路况；使用各类出行产品选择适合的出行工具；坐在车上就是用户的碎片化时间，用户会结合自己的空间场景选择适合的产品，比如看本书、看新闻、听 FM、听歌曲等；上班后选择各种办公类的产品解决工作中遇到的各种问题；下班就又到了用户的碎片化时间，选择相对较多，但还是要兼顾第二天上班，休息不好就会影响上班的效率；周末是用户全身心放松的时间，用户选择的产品类型完全可以根据自己的兴趣爱好。所以，用户场景必须与用户的使用时间结合起来，才能更好地吸引用户。

12.2.4 Why：动机

动机是任何事情被触发的起源，用户没有动机就不会有下文，做什么都是白搭。所以动机是用户场景中的关键。用户使用产品的动机是什么？是什么原因触发用户使用产品？用户在不同场景的不同时刻会产生不同的需求，这样就会表现出不同的动机，就会下意识地去找不同的解决方案。比如用户想打发无聊的时间，这就是用户的动机。它可能会选择玩游戏娱乐一下，玩游戏就是打发无聊时间的解决方案。但游戏有很多，玩什么样的游戏呢？最近身边好多人都在玩《王者荣耀》，记住这里用户选择游戏的原因是因为“身边好多人都在玩”，为了不被孤立，能和大家互动起来，获得社会认同和共鸣，这是用户选择这款游戏的动机。加入身边好友玩游戏的阵列，每天还可以看看好友的排名，大家在聊游戏时还能插上话，这就变成了用户玩这款游戏的解决方案。所以首先是用户有动机，其次是产品刚好可以为其提供解决方案，才促成了这个用户使用的场景。

再比如肚子饿的时候自然会想到怎么吃饭，这是用户的一个动机，选择 O2O 类的产品点外卖就是一个很好的解决方案。加班回家没地铁了，怎么回家变成了用户的动机，使用打车类的产品满足了用户的需求，这就是使用产品的真实场景。没有动机，很难触发用户主观上想去使用产品。

12.2.5　Service：服务

服务是对应的用户使用场景中的解决方案。问问我们的产品能提供什么服务，能为用户解决什么问题，不要在关键时刻掉链子。如果在用户需要我们的时候，却不能提供很好的服务，解决不了用户的问题，用户往往不会再用这个产品。比如用户想静下来听听舒缓身心的音乐时，音乐播放器可以帮助他迅速找到适合的音乐集；用户心情不好想发泄一下时，游戏软件可以提供实时对战；用户突然想了解一下国家大事时，资讯类软件可以快速呈现时事新闻。

产品在满足用户需求的同时，会不断增加新功能，但用户在某个场景下只需要用到其中某一个功能，其他功能反倒给用户造成不小的困扰。所以，匹配到适合的场景，为用户提供有针对性的服务，才能真正解决用户的问题。用户在某个场景下，用完这个功能还会去做什么？记录下用户的这些行为可以帮助产品更好地提供服务，从而更精准地利用场景来为用户提供更好的服务。

上面我们解构了用户场景中的四个组成部分，用户在某一种空间环境下的不同时段，会有不同的动机，而不同的动机又需要不同的解决方案。所以用户是否会使用产品，主要是由产品能提供的服务决定的，这也是促使用户产生行为的最直接动机。总之一句话：在特定的空间和特定的时间中，我们的产品应该能够提供特定的服务以满足用户特定的需求。

在解构用户的场景时，我们发现所有核心都是围绕用户产生的，不可或缺。而用户、空间、时间和动机结合在一起，就构成了一个真实的情境，不再是单独存在的一个部分。比如正午时分室外的光线非常强烈，用户很难操作手机屏幕，这里就包含了用户、时间、空间和动机，从而构成一个真实的情境。再比如周末在家里，用户感觉无聊，这也是一个完整的情境。从解构用户场景所获取的 5 个组成部分中，我们总结出三个关键因素：对象（用户）、情境（场景）、行为（需求）。

12.3 场景中的情境类型

上文总结出情境的概念，用户的场景就变成了用户在不同情境下的不同行为。比如在双 11 铺天盖地宣传的情境之下，很多用户都会去淘宝、京东上逛一逛，为下一年储粮；再比如老人使用产品时，能记住一两步操作就不错了，很难接受 3 步以上的操作，而且大多数老人都有视力不好的问题，字太小或者功能区域设计不明显，基本都会被忽略掉。面对这样的情境，产品该怎么从体验上去做优化？我们把用户场景中的情境大概归为三大类：环境情境、人文情境，特殊情境。

12.3.1　环境情境

环境情境是指用户所处的周遭环境，包括自然环境和社会环境。自然环境是指环绕在用户周围的自然因素，如山川湖海、季节变化、温度变化、海拔高度、光照强度、昼夜变化等。而社会环境是指用户所处的场所及周围的人为因素，比如建筑、场所、陈设、民俗民风等。环境是社会环境和自然环境的综合，环境的变化可能会引起人群密集度、嘈杂度、背景噪声、网络稳定度等的变化，这些变化都会给用户造成干扰。所以环境情境的变量只有两个：环境因素和干扰因素。

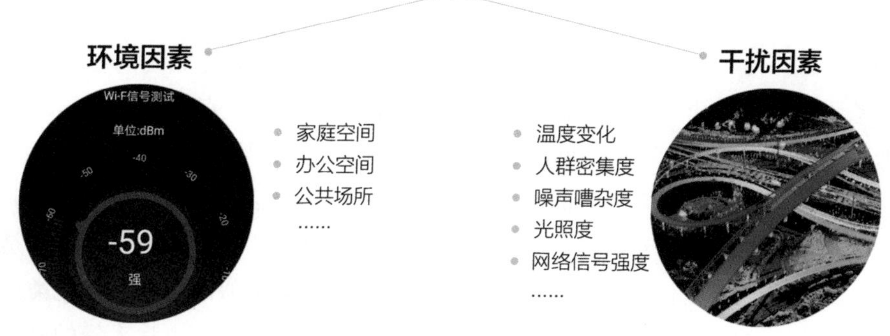

1. 环境因素

环境因素的属性就是用户身在何处、是固定空间还是移动中的空间？是家庭场所、办公场所还是公共场所？是室内还是室外？是在沿海地区还是内陆地区？这些环境属性给用户场景带来的影响就是对用户造成的干扰因素。

2. 干扰因素

环境引起的干扰用户的因素有很多，主要有温度变化、人群密集度、噪声嘈杂度、光照度、网络信号强度等。

温度变化：夏天，人的手经常出汗，在屏幕上滑动的触感会受到影响；人一热，情绪就会变得暴躁，使用产品的耐性就会大打折扣。冬天，人体血液循环受到影响，僵硬的四肢会影响到操作效率，影响是否能顺利完成产品中的操作。温度给用户造成的这些困扰都会反馈到产品中，那么产品是不是应该加大触感区域、简化产品流程、缩短操作时间来间接降低困扰呢？

人群密集度：在公共场所、人群密集的地方使用产品，人与人之间的距离缩小，私密空间减弱，是否会有信息被偷窥的担忧？产品在获取到个人位置、通讯录、通知等权限时，都有很强的提示，尊重用户的选择，因为这些都涉及个人的隐私。人多的地方，形形色色的人都有，我们在操作一些支付流程，如输入密码时，如果被一些不法分子偷窥到，后果可想而知。很多产品在这方面做了很大的优化，比如网银产品将输入键盘打乱、支付宝使用指纹支付等。

噪声嘈杂度：噪声分贝过高，用户的情绪会受到影响，同时也会对能听清语言产生干扰。在这样的场景下视听类的产品都会受到的影响，毕竟用户的直接感受是“断断续续听不清声音了”，所以很多视听类的产品都配有字幕，为了加强互动和渲染氛围，有的还会增加一些弹幕功能，这些功能可以有效缓解用户所受干扰。

光照度：天气、季节、时间变化或场地的更换都会引起光照度的变化，强烈的光源照在屏幕上能见度就会直线降低，这对用户的干扰是直接的。Launcher 类的产品提供快捷的调节屏幕亮度的功能此时就显得尤为重要了。

网络信号强度：网络信号的强度会影响很多在线产品的使用，网络信号弱对用户造成的困扰很大，对产品来说也是致命打击。比如竞技类产品，基本都是实时产生互动的，网络信号强弱非常影响互动体验。面对类似的问题，优化类产品提供游戏加速的方法，来间接提升网络信号强度，游戏类产品也将大量的画面和动作提前加载到本地，降低占用网络资源来提升产品体验。

环境情境中的干扰因素

温度变化

人群密集度

噪声嘈杂度

光照度

网络信号强度

12.3.2 人文情境

人文情境是指用户在使用产品时的**行为状态和心理感受**。行为状态表达我们当前的行为，比如行走、奔跑、驾车、倚靠、平躺等。心理感受表达我们当前的心理状态，比如焦急地要完成某事、耐心地等待完成等。当前保持的行为状态，同时也会产生相关心理感受，比如奔跑的时候，心里是愉快的还是懊恼的？行动＋心理才构成一个完整的人文情境。但如果想用行为状态和心理感受的不同组合来区分人文情境，则很难实现。所以我们只能从另外一个维度来区分用户使用产品的人文情境。人文情境反应在用户每一次使用产品时的状态上，我们把用户使用产品时的状态分为 3 种：碎片化状态、多任务状态、单一任务状态。

人文情境中的三种状态

碎片化状态　多任务状态　单一任务状态

What's Next
PC Link
Remote Link

碎片化状态——用户在碎片化时间内，基本都保持休闲漫步的状态，比如等车站着无聊时、睡前躺着寂寞时、喝着咖啡休息时等。所以在碎片时间里使用产品，大部分需求是处理微任务或娱乐消遣，产品界面的体验设计需要有足够的高效性来迎合这种随时随地的特点，让其快速完成任务。

碎片化时间

坐车、等车中　吃饭中　工作中　休闲中　走路中　旅游中　休息中　逛街中

多任务状态——用户在多任务的状态下，基本都保持比较忙碌的状态，比如一边看视频一边和朋友在线聊天、一边做家务一边使用产品、一边玩游戏一边工

作等。所以在多任务状态下，用户的注意力易于分散，故产品应专注于对内容的体验，通过声、光、色等丰富的表现力和新颖的效果让其沉浸其中，增强代入感。

多任务状态

多个球同时扔的杂技

一边带着妹子一边面对镜头

一边开会一边处理工作

单一任务状态——用户在单一任务状态下，基本保持比较专注的状态，比如处理个人隐私信息、参加重要议题、观看精彩片段等。如果用户需要专门腾出时间来使用某产品，则说明此时正在完成某个重要的任务，应以确立任务为导向，建立清晰的任务模型，以及任务的层级结构，确保在使用过程中有良好的体验并降低学习成本。如支付产品，它涉及用户的资金及账户信息安全，常态下用户都会小心对待，这就属于单一任务状态下使用产品的场景。

单一任务状态

输入密码

完成支付环节

签署文件盖章

12.3.3 特殊情境

特殊情境在产品的使用场景中往往会被忽略，因为我们分析产品的情境时，往往从自身出发，考虑产品的是服务面对的大多数用户，忽略了一些特殊用户群体的需求。比如很多产品通过颜色来区分功能层次，色盲的用户可能就无法判断，考虑到这种场景，产品往往会换个方式或者提供另外一个维度帮助用户做出判断。特殊情境不考虑周全，可能会影响很多产品功能的使用，但特殊情境可能会有很多，我们很难将其逐一解决。这些情境都会给用户造成一定的影响，所以我们就从对用户造成影响的程度将其划分为 3 类：阻断性影响、非阻断性影响、干扰性影响。

特殊情境中的三种影响程度

阻断性影响　　非阻断性影响　　干扰性影响

Your name is...what?

第一种：阻断性影响

阻断性影响是直接打断用户下面的操作，造成这样影响的可能是产品系统 bug，也可能是产品的体验设计问题。产品系统的 bug 可以修复，但体验设计对用户造成的阻断性影响如果不被发现，可能就永远得不到改善。比如对于红绿色盲的用户来说，红色和绿色放在一起，就能对其造成阻断性影响，如下图就是一个红绿色盲造成的影响及相关优化解决方案。

阻断性影响色盲设计

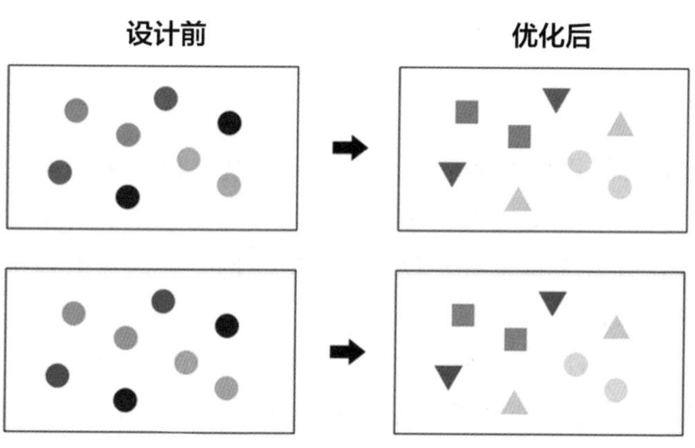

第二种：非阻断性影响

非阻断性影响并未导致用户不能往下操作，虽然给用户体验造成了影响，但用户改变一下自身行为往往就可以解决。比如视力差的用户在使用手机的时候会遇到很多困扰。比如，屏幕小，手机上面的字看不清，又不能全部调大，这就对用户的体验造成了影响，当然用户通过调整眼睛与屏幕的距离就可以解决，不会阻断后续操作。但如果能为这种特殊情况提供解决方案，就体现出对用户的关怀。微信轻轻双击就可以使对话的文字放大，该功能很好地关怀了视力差的用户。再比如红米手机可调节成老人机模式，解决了中老年人的阅读障碍。

非阻断性影响的设计细节

小米针对老年人设计老人模式

微信双击对话文字变大

材料：这是之前家长们带来的水瓶以及购买的颜料。活动课程《颜色变变变》现在孩子不但认识了颜色，还知道了两种颜色＋一起变成什么颜色，回去咱们家长可以考考幼儿哦。黄色＋红色变橙色 红色＋蓝色变紫色 黄色＋蓝色变绿色

字体变大后的界面

第三种：干扰性影响

干扰性影响会给用户的体验造成了一定干扰，但并未隔断或打断当前的操作。比如用户在乘坐交通工具时在摇晃的车厢里无法快速打字，是否可以考虑以数字键盘替代全键盘呢？以 iPhone5s 为例，全键盘的每个字母按键的大小是 52px × 76px，而切换成九宫格或数字键盘后每个数字按键的大小是 220px × 108px，按键的可控区域越大，用户密码的输错率也能降低。再比如锤子的单手操作模式，按键和部分交互左右切换，这样就解决了很多惯用左手的用户的困扰。

干扰性影响的设计细节

输入法切换模式对比

锤子手机改变单手操作方向设计

以上详细讲述了环境情境、人文情境、特殊情境在场景中的体现，重在表达用实际的情境来阐述用户的体验场景，更能为用户提供解决方案。比如在开车的时候最烦对面开远光或者对着太阳直射的方向，眼睛基本什么也看不见，白天可以戴墨镜解决太阳光的问题，可晚上总不能也戴着墨镜开车吧？所以这就是产品需要结合用户使用情境解决的问题。再比如中午太阳直射的时候，看不清导航屏幕，这时候详尽的语音导航就能发挥特有的优势。理解了用户体验产品的情境，就能更有针对性地解决产品中的问题，只是可能要结合更多情境下的体验解决方案。

情境分类结构图

12.4 用户场景的匹配

整理完用户使用场景中的情境后，我们就会想让这些情境和产品进行匹配，从而为用户解决实际使用场景中的问题。产品与用户场景中的匹配无非就三种情况：正确匹配、匹配不恰当、匹配错误。我们期待的当然是正确匹配，恰到好处地为用户提供场景服务。

12.4.1 正确匹配

正确匹配是产品因地制宜地为用户提供适时所需，这是产品真正需要做的，也是用户最需要的解决方案。

比如“最后一公里”的问题，我们经常会因为这最后一公里耽误太多时间，共享单车的出现，用户的烦恼迎刃而解，而且通过产品将全民共享、绿色出行、合理利用资源的概念放大了，所以共享单车一直备受追捧。再比如O2O的互联网概念兴起，模式一直在不停地转变、刚开始我们在线上购买服务，然后去线下消费，可能会体验到一定便利，但随着使用这种消费方式的消费者越来越多，且餐厅、电影院等娱乐场所本身就火爆，经常需要排队等候，这就给在线上购买优惠券然后在线下消费的消费者带来不好的体验。现在产品结合用户的使用场景不断优化，在我们到店消费的同时，产品会基于定位，准确地推送店面的优惠信息，给用户更多的选择权，这种O2O场景完全契合用户的使用场景，可正确匹配用户所需。

O2O模式的盛行

线上的服务线下消费的模式整合

12.4.2　配得不恰当

配得不恰当是指产品所提供的服务并不是用户最需要的，这是我们不想看到的结果，也解决不了用户的需求。

比如消费者想购买一款智能电视，这是用户的需求场景，有很多产品都可以为消费者提供解决方案。消费者在 A 平台上挑选了几款电视，又跑到 B 平台上找了同样几款电视，买东西就想货比三家，多点选择。然后发现价格都差不多，那就要权衡其他方面了，比如优惠券之类的。消费者发现 B 平台上有优惠券，且 B 平台在数码产品领域的口碑很好，物流信誉也非常高，最终下单。接下来问题来了，电视收到以后的一段时间里，消费者陆续受到各方流量平台的广告推送干扰，电脑上浏览网页的广告全都变成了电视推送广告，移动端访问媒体资讯中的广告也变成了电视推送广告，仅仅是一次浏览记录的行为，整个互联网都被改变了，还谈什么隐私？

购买电视后网上推送的广告

京东电视广告　淘宝电视广告　淘宝电视广告

淘宝产品上的电视广告　京东产品上的电视广告　京东电视广告

电视对家庭来说算一个大家电，属于不常更换的产品，消费者已经买了，短期内应该不会再买，这些广告的算法虽然基于用户浏览记录做精准推送，但这与用户的使用场景明显匹配不恰当。结合场景的精准推送，匹配不恰当，反倒起到负作用了。

12.4.3　匹配错误

匹配错误是产品不能为用户提供任何帮助，解决不了用户在当前场景下的问题。这样的产品需要重新梳理用户的使用场景，再结合场景为用户匹配所需。

下图左侧是某产品首次打开页面的场景图，其属于资讯类型的产品，依赖其强制的模态运营机制，结合邀请好友奖励的设计模式，成功积累了大量的用户基数。用户首次安装后，打开的场景是一个大大的红包模态阻隔阅读信息的去路，这么一大笔钱深深地吸引了用户，一旦点开就掉进产品运营的“坑”里。

右图是另外一款产品首次打开的引导页，用户使用场景必须要注册。还有很多产品都是使用这样的运营策略，都完全站在产品获益的角度来考量，一点都不考虑用户的实际使用场景。

模态设计阻断用户

某产品首次打开界面

另外一款产品

12.4.4　产品中的场景匹配

产品为用户提供的解决方案，是基于用户的使用场景，用户可能只是在某一个场景下有需要，所以匹配场景适时为用户提供所需，才是产品的设计之道。下图所示的用户的使用场景是需要快速地点一份外卖。这一系列操作为：打开产品→数据加载→目标搜索→选中下单→注册登录→身份审核→网络重连，每一个使用场景下的卡壳，都给用户造成了很大影响。

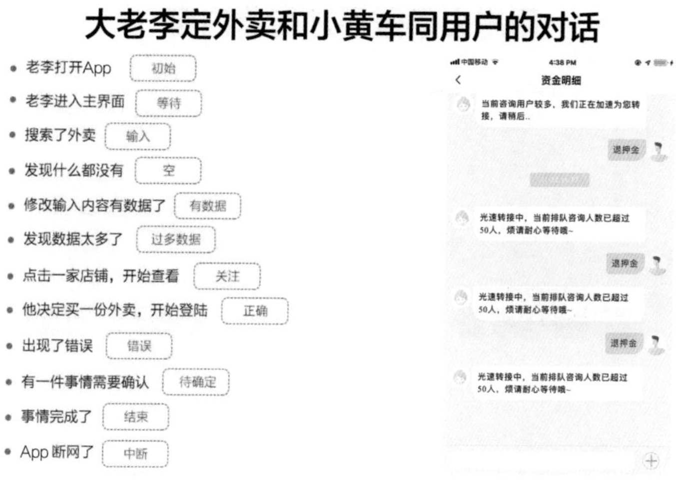

大老李定外卖和小黄车同用户的对话

- 老李打开App　初始
- 老李进入主界面　等待
- 搜索了外卖　输入
- 发现什么都没有　空
- 修改输入内容有数据了　有数据
- 发现数据太多了　过多数据
- 点击一家店铺，开始查看　关注
- 他决定买一份外卖，开始登陆　正确
- 出现了错误　错误
- 有一件事情需要确认　待确定
- 事情完成了　结束
- App 断网了　中断

网上老李定外卖经过

资金明细

当前咨询用户较多，我们正在加速为您转接，请稍后..

退押金

光速转接中，当前排队咨询人数已超过50人，烦请耐心等待哦~

退押金

光速转接中，当前排队咨询人数已超过50人，烦请耐心等待哦~

退押金

光速转接中，当前排队咨询人数已超过50人，烦请耐心等待哦~

封锁用户对话机制

很多产品封锁和用户的对话机制，原因有很多，但都无外乎节约成本。用户的使用场景遇到问题解决不了，想通过互动反馈机制得到答案，可产品连这样的机会可能都不给。很多产品还是可以找到联系客服的入口，可是当用户提问题的时候，往往都是机器人在作答，转人工就进入无尽的等待中。用户在使用场景下遇到的问题得不到解决，用户凭什么对产品保持忠诚？

我们团队开发了一款论坛性质的产品，刚上线时每天下载量还不少，可新注册的用户微乎其微，几乎快要达到个位数了，整个项目组的成员各抒己见，不断测试产品的性能，也没有找到关联性很大的问题。最后从页面访问数据中反馈出了一个问题，就是用户在登录页上转化率太低。产品经理为了提高注册用户，在产品的逻辑上就要求用户必须先注册成功才能进入论坛互动。让我们来思考一下用户的场景：用户进入论坛的目的是什么？肯定要看论坛内容，遇到喜欢、赞同、有趣的内容就会参与互动，可内容还没看到，就先要经历一层烦琐的注册过程，而且填写信息的过程还可能会泄露很多个人信息。产品在进入的第一步就把用户拒之门外，所以这个界面的转化率也很低。这里就发生了用户场景和产品需求错配的状况，产品经理想通过这个逻辑增加用户，可用户只想浏览论坛不想注册。产品优化迭代后，注册页的阻碍不在了，用户优先获取到信息，想参与互动，才会提示要注册用户才可以，这样很合理，场景搭配也对，只在用户需要用的时候才出现注册界面，注册的转化率大大提高了，用户获取到了内容所以留存率也提升了。

用户必须登录才能看内容

手机号没登录成功　　使用搜狐账号登录

再比如，苹果系统的闹钟 App，通过每个细节简化使用场景，让用户在设置闹钟的时候，没有过多思考，且不容易出错。考虑用户的使用场景，一般都是晚上关灯准备睡觉了，才想起来去设置第二天起床的闹钟，所以新 iOS 系统中采用了夜晚模式，代入感比较强，不会那么刺眼。“重复”设置也是一个非常精致的设计，当你连续选择周一至周五时，“重复”模块会自动识别为“工作日”。对于上班族来讲，这一贴心的设计会让我们在设置结束后，突然觉得闹钟很“懂”我们。

iPhone闹铃设置细节

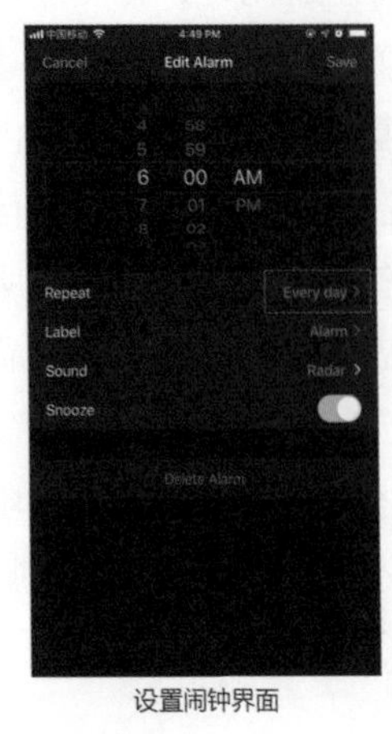

设置闹钟界面

去掉周末闹钟

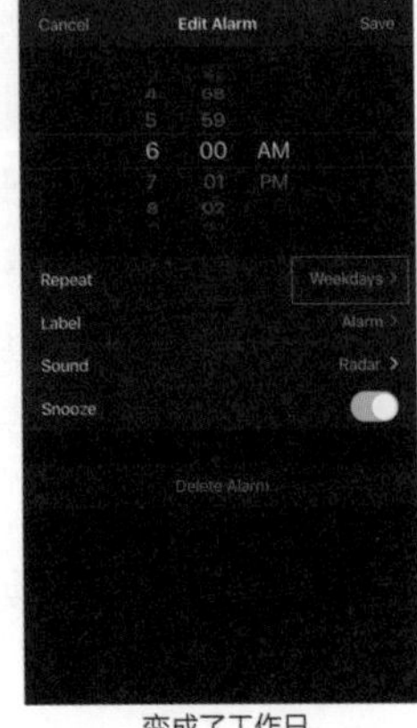

变成了工作日

产品在匹配用户的使用场景时，为用户提供所需，收获的可不仅仅是用户，可能还有用户的口碑这个无形的传播病毒，产品和用户获得了双赢，这样的产品还怕没有用户吗？所以我们在实现某一产品目标的前提下，不妨优先站在用户角度，思考一下真实的使用场景，正确匹配用户所需。

12.5　产品设计与用户场景的结合

前文解构出用户场景的三个因素：对象（用户）、情境（场景）、行为（需求）。产品设计必须结合用户场景的三个关键因素，才能为用户提供解决方案的结论。那么，怎样结合好用户场景的这三个因素呢？可以分基于对象、匹配情境、触发行为三个方面进行。

12.5.1　基于对象

基于对象，即基于产品的使用人群，根据适用人群的不同特征进行相应设计，这是在产品的战略层就应该被考虑清楚的。很多产品的用户群体涵盖范围广，这就对产品提出了更高要求，要考虑不同群体使用产品场景的差异性。

比如在二手市场迅速崛起的产品闲鱼，其定位人群非常准确，就是面向年轻且整体学历相对偏高的用户群体。所以产品整体设计风格偏向活泼化，运用亮度较高的明黄色作为主题色，漫画风格的 banner 和代表性标志“鱼”都更迎合闲鱼主体年轻化用户的偏好。页面采用瀑布流形式显示，用户浏览时更易进入沉浸状态。

闲鱼基于对象的设计风格

整体活泼年轻的漫画风

引导用户参与讨论

可以自建鱼塘

再比如二次元领域，这是一个相对垂直的领域，面向的用户群体也比较清晰，所以这类产品在设计的时候，往往会比较夸张，走的也完全是二次元的风格。比如看视频时用满屏的遮住内容的弹幕来互动，各种动漫秀场，各种表情秀。B 站（bilibili 哔哩哔哩）就是二次元秀场的代表产品，其设计风格完全迎合这个群体的偏好，深受用户喜欢，第一次打开就能深深吸引用户，使其沉浸其中。

哔哩哔哩基于对象的设计风格

登录界面细节，输入密码还蒙上眼睛　　页面里不断有和用户互动的细节

12.5.2　匹配情境

匹配情境，即产品结合用户的使用情境为其提供解决方案。这往往是在产品的结构层就应该考虑的，前文总结了用户使用产品的几种情境——环境情境、人文情境、特殊情境，结合这几种情境做产品设计，才是用户所需要的。

比如现在手机的屏幕都很大，5.5 寸已经变成了主流市场。很多产品使用了抽屉式导航的交互设计。想想用户使用产品的环境情境，可能在地铁、公交上，这时往往都是单手操作的状态，谁的大拇指能有 5.5 寸那么长？根本够不着，这让用户使用产品时很闹心。抽屉栏将会浪费大多数用户潜在参与度和交互程度。当然咱们不是说抽屉式导航不好，主要还是要匹配用户的使用场景。下图是 2007 年以来 iPhone 手机手指热区的使用情况。

iPone手机的可触碰难易程度分布

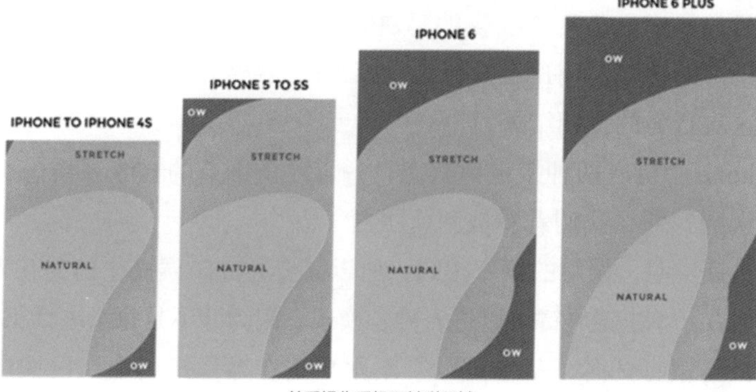

单手操作手机可触碰区域

再比如，对于高德地图来说，环境情境就是路况复杂；人文情境是开车的时候注意力要高度集中，如果受到一些复杂路况的影响，在不能随便停车的情况下，很难有时间去做出正确的判断；特殊情境是这个时候用户往往处在高度紧张，而且随时会有危险的情境之下，产品给用户造成的可能直接就是阻断性影响。高德结合用户的这些情境，做出了三维立体式的视觉呈现，有效帮助用户缓解各方干扰，直观指引用户开向正确的方向。下图的网易音乐针对用户白天和晚上的环境情境做了视觉上的区分，帮助用户缓解因晚上使用产品造成的视觉压力。

匹配用户使用场景的细节设计

高德地图在复杂路段的3D视图

网易音乐的白天模式

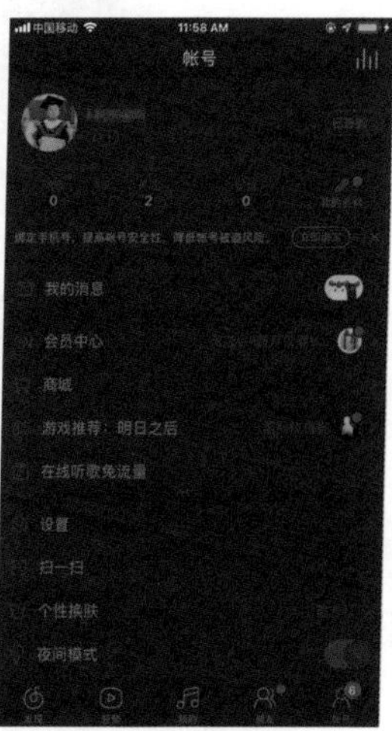

网易音乐的夜晚模式

12.5.3 触发行为

触发行为，即产品为用户提供的解决方案。该行为往往体现在产品设计的表现层，触及用户的感知。用户触发行为是因为产品能给用户提供达成目标的路径，从而才达成这次行为的预期结果。

比如 iPhone 手机有两种接电话状态，一直注重细节的 iOS 系统怎么可能会犯这种低级错误呢？那么我们看看截图就明白了。

A：手机锁屏时，误触的概率很高，所以需要通过防误操作的交互来避免不小心碰到什么地方，单击锁屏键可以进入静音模式，因为并不是每个电话都需要接的。

B：手机解锁打开时，基本可以判断用户正在操作使用中，误操作的概率相对要低一点，所以为了方便用户，只需要点击一下。但来电可能是骚扰电话或者暂时不想接的电话，需要立即挂断，这种场景下需要有一个挂电话按钮。考虑到多数为接电话和防止误挂断电话的需求，所以把挂电话按钮放在了左侧并设计成红色，接电话按钮放在了右侧并设计成绿色。

手机来电设计细节

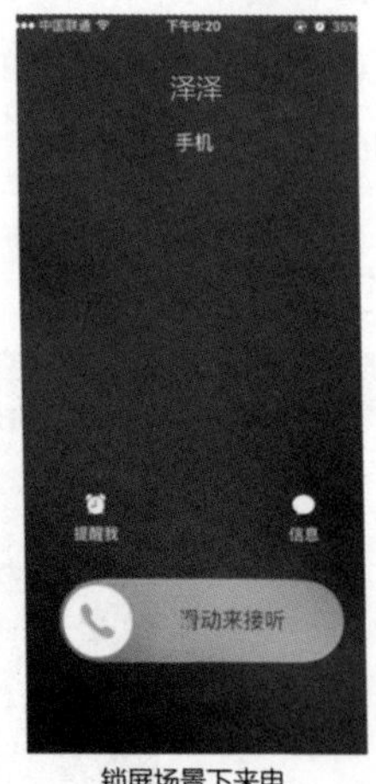

锁屏场景下来电

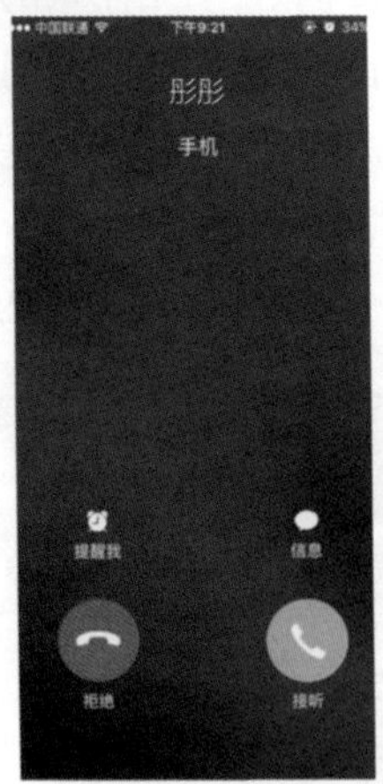

使用场景下来电

再比如有一款叫 SoundHound 的音乐产品，就找准了用户每次打开产品都要找歌曲的场景。产品设置了一个很有创意的功能：你哼唱几句歌词，它就能帮你搜索到歌曲的名字、专辑及演唱者。进入 SoundHound 界面之后，上面会出现一个黄色的方框，点击这个方框，就会开始录音，这个时候你可以开始哼唱你想要搜索的歌曲，注意哼唱的时间要在十秒以上，不必唱得多好听，只要发音标准，节奏准确即可。唱完之后它会自动开始搜索，找到你想要的歌曲。这个功能成为整个产品的王牌卖点。音乐爱好者们很愿意为了这个场景需求被满足而去下载 App。

SoundHound特色设计

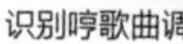
识别哼歌曲调

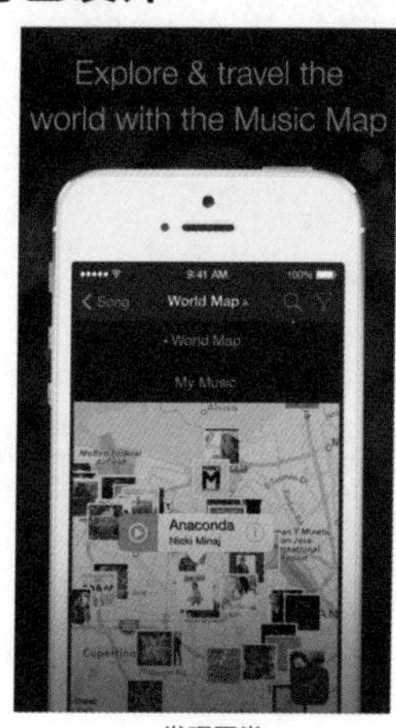

发现同类

我们需要对不同产品的使用场景进行独立的分析与判断，根据用户的反馈，做出最合理、权宜的设计，从而为用户提供最好的解决方案。

12.6　测试验证产品的使用场景

我们知道产品设计要结合用户真实的使用场景，但怎么能保证我们的产品在适时的场景准确地为用户提供解决方案呢？这就需要我们在开发产品时进行测试，验证产品能否在场景下为用户提供很好的服务。

在开发产品的流程中，测试在很多人眼中都是无足轻重的，普遍认为其技术含量不高，甚至不理解测试到底有什么意思。产品不经过严格测试，不能直接上线，因为不能把产品遇到的各种 Crash（产品运行崩溃）留给用户。测试产品就是不断操作各种真实的场景，直到满足上线条件。

测试不同的产品有其不同的方法，因为产品不同，用户的场景就可能大不相同，我们总结了测试产品中经常用到的方法流程。

12.6.1　产品测试要点

我们总结出产品各个阶段所用到的测试方法（这里以手机 App 为例）。

产品测试流程

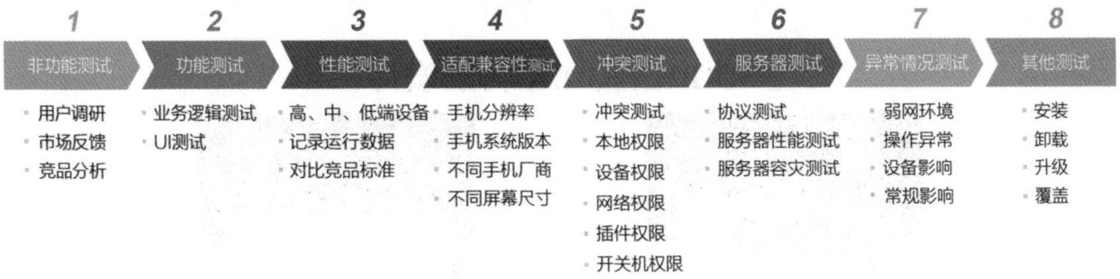

1	2	3	4	5	6	7	8
非功能测试	功能测试	性能测试	适配兼容性测试	冲突测试	服务器测试	异常情况测试	其他测试
· 用户调研 · 市场反馈 · 竞品分析	· 业务逻辑测试 · UI测试	· 高、中、低端设备 · 记录运行数据 · 对比竞品标准	· 手机分辨率 · 手机系统版本 · 不同手机厂商 · 不同屏幕尺寸	· 冲突测试 · 本地权限 · 设备权限 · 网络权限 · 插件权限 · 开关机权限	· 协议测试 · 服务器性能测试 · 服务器容灾测试	· 弱网环境 · 操作异常 · 设备影响 · 常规影响	· 安装 · 卸载 · 升级 · 覆盖

1. 非功能测试

非功能测试是产品还处在开发的早期阶段进行的，测试人员需要先做一下需求调研，获取一些用户对新产品功能的反馈，以便得到对新需求的第一印象。

2. 功能测试

功能测试就是验证产品需求文档的功能是否全部实现，主要测试以下两块：

业务逻辑测试：主要验证 App 业务是否符合预期，一般测试流程为解读文档→了解开发→勾勒开发流程→记录测试用例。

UI 测试：主要比对开发界面和设计界面还原度，体验交互是否实现。

3. 性能测试

某产品好不好，基本都要指性能怎么样，这是我们衡量产品做得好不好的重要指标。由于测试产品的硬件设备的好坏可能会直接影响测试结果，所以我们需要测试产品在高、中、低端手机上的运行数据。记录下的测试参数包括内存、CPU、FPS、流量、耗电量、稳定性、安装和启动的耗时，通常的评判方法是与业内竞品做对比。

4. 适配兼容性测试

不同型号的硬件设备，可能会给用户不同的体验感，所以需要注意：

手机分辨率：如主流分辨率 1080 × 1920、720 × 1280、480 × 800、640 × 1136、750 × 1334、1242 × 2208 及其他非主流分辨率，尤其需要注意的就是 Pad 和 Android 的特殊机型。

手机系统版本：如 iOS 9、iOS 10、iOS 11、Android L、Android M、Android N 等。

不同手机厂商：如 MIUI、魅族、华为等，要注意手机是使用的 Android 原生系统，还是定制开发系统。

不同屏幕尺寸：小（2 ～ 4 英寸），普通（4 ～ 5 英寸），大（5 ～ 7 英寸），超大（7 英寸以上）。

5. 冲突测试

冲突测试，是把产品安装在各种环境下测试，检查是否会有病毒、木马及其他任何对被测软件不利的情况，这里的冲突测试多指与安全类产品的冲突，因为安全产品可能会让我们的软件出现很多问题，比如产品运行出错、阻止产品获取一些权限、阻止产品读取已经从系统获取的权限、弹出一些警示窗口认为程序有威胁并直接删除等。一般产品可能会遇到类似的问题，多半是需要获取以下权限：

本地权限：需要获取本地程序信息的操作权限等。

设备权限：安装及使用时有调用通讯录、短信、通话记录、摄像头等权限的申请。

网络权限：需要获得频繁访问网络的权限。

插件权限：需要安装各种插件才能完成。

开关机权限：有更改开机启动项。

6. 服务器测试

服务器测试应该算是测试中比较难缠的一项，对开发和测试人员都是一个考验，也是产品测试中的核心环节之一，主要分为以下几项：

协议测试：模拟客户端发送协议包到服务器，测试服务器是否校验。

服务器性能测试：主要包含单机容量测试和 24 小时稳定性测试。单机容量测试，可以检测到单机服务器在 90% 的响应时间和成功率都达标的前提下，能够承载多少用户量。使用特定产品模型压测 24 小时，测试服务是否无重启，内存是否无泄漏，并且各事务是否成功率达标。

服务器容灾测试：主要指某个服务进程崩溃以后，是否具有自行恢复的能力。比如产品逻辑进程消失后，是否会自动拉起；Memcached 崩溃时，是否会重新启动，是否会对所有用户有影响。这些都是产品测试过程中需要考虑的因素。

7. 异常情况测试

弱网环境：产品在使用过程中会遇到弱网环境，如在市区、郊区、地铁、桥下等。测试时需要注意对 2G 网络、3G 网络、请求超时、响应超时、网络抖动等场景的模拟。

操作异常：产品在操作过程中出现断网、断电、重启等情景。

设备影响：硬件设备锁屏、解锁对产品的影响。

常规影响：推送通知、来电、收发短信、文件下载、听音乐等对产品的影响。

8. 其他测试

安装：App 安装（从渠道商处下载安装、通过 APK 安装）。

卸载：App 卸载。

升级：App 升级（注意跨版本升级）。

覆盖：覆盖安装（同版本覆盖、高版本覆盖低版本）。

以上这 8 点是我们根据用户的使用场景总结出来的综合测试要点，用于更好地发现产品中的问题，发布最优版本以满足用户在实际使用场景下的需求。

12.6.2 狐首改版测试验证场景案例

搜狐 2018 年主站的改版中，就很好地运用了测试跟踪各方数据，再通过层层分析不断更新迭代，最终得出数据吻合的最优方案后才确定全面上线。搜狐网站的流量很大，用户浏览网站是为了获取资讯，那产品就应该在为用户提供优质内容的同时还让用户感觉舒适。

搜狐 Web 作为搜狐网重要的入口，当然要为用户提供更好的阅读体验。现有的模式已经让用户产生了审美疲劳，跟不上阅读体验的大趋势。接下来就是思考怎么优化。

我们这次改版就是改用户的阅读体验，当前采用最多的是 Feed 流下滑的信息呈现形式，但这种体验方式多用于移动端。经过一轮一轮讨论，最终我们还是选择了一组 Feed 流的设计方案，如下左图。

搜狐门户改版经过灰度测试

Feed流形式的设计用户灰度测试的页面　　　　最后上线经过测试验证上线的版本

拥有这么大流量的网站，轻易改动用户的阅读习惯，可能会引发蝴蝶效应。网站模拟接口协议服务器跑通数据，经过多重测试，新页面符合上线标准。但这种门户型产品的改动太大，必须经过多重测试，才能决定要不要上线。最终项目组决定以 A/B Testing 的形式做灰度发布，也就是说，新页面不会直接替换旧页面，新页面只有 1% 的随机概率会被访问到，99% 的用户访问到的还是旧页面，这样我们可以统计所有新页面访问数据进行分析。

经过一周的测试，我们将页面测试所获取到的新数据和旧数据按照占比进行比对，发现了一个致命的问题：分到各频道的转化率低至冰点。这会影响很多部门的 KPI 考核，公司的整体营收可能会随之下降，这样也失去了改版的初衷。接下来，项目组开始讨论问题的优化方案。产品经理继续捋出需求，设计师重新优化设计方案，就这样反反复复经历了几轮优化迭代，直到 A/B Testing 灰度发布的各方数据起稳回升，才最终替换掉老版本，也就是我们现在所访问到的搜狐网首页，如上右图。这个版本独立强化了频道内容在首页中的分布，增加了更多的内容交互，各频道转化率也得到了相应提升。如果第一次改版直接上线，后果将不堪设想。

这次改版真正彰显出测试对产品的重要性。用户使用产品的场景完全决定了产品设计的方式。移动端 Feed 流的阅读体验方式确实不适合搜狐的门户，因为用户的使用场景是在电脑上，屏幕更大、操作空间更大、使用更自由、室内环境居多、网络环境更好，这些场景决定了用户的体验方式。

产品通过测试要求才能上线，并不是简单体验一遍产品就可以。我们总结的产品要点主要针对的是上线前的测试，其实上线后还要不停地进行测试，比如案例中提及的 A/B Testing 灰度发布，上线好几版后才优化到符合产品要求的上线版本。我们可以将其统称为线上舆情监控，目的是跟踪监测灰度发布版本的各方数据。如果是迭代优化的产品，更多是比对旧版本的数据，正如案例中说的测试方法；如果是新产品，更多是监控各模块间的数据变化、转化率、异常数据等。此外，还要不断收集用户的反馈信息，然后汇总这些信息，分析出有问题的数据，再有针对性地优化产品。

测试就是获取产品在各种场景下表现出来的性能。

13

第 13 章

团队管理

◎李伟巍

本章主要讲述团队管理中的一些方式方法。首先从设计团队的主要管理工作说起，本章将管理工作分为几大块；然后讲述团队管理中的激励机制，从激励的几个方面及带来的影响来讲述；最后综合性讲述团队中经常遇到的几个难题，并给出对应的解决方案。

13.1 团队管理工作

团队的管理工作是个技术活，不仅需要管理者的智慧，还需要管理者通过一系列表现打动组员，促使团队都愿意跟着干。团队管理要界定好感性和理性，如果付诸太多理性，会疏远与组员之间的距离，导致组内发生什么事情都没人跟你说；付诸太多感性，工作需求下来后，执行起来可能就会很难。管理者应该激发设计师在工作上的热情，以确保团队有高质量的输出。优秀的设计团队不是靠管束形成的，更多是因管理者塑造的团队设计氛围自然形成的。因为设计的本质就是向往自由、颠覆创新、抒发情感的综合体现。拥有专业领域成就的管理者才可能赢得组员的尊重。但如果团队中的设计师只为了做好自己的工作而存在，那就失去了管理者存在的意义，同时也失去了团队存在的真正意义了。我们搜狐设计团队的管理工作基本分为 7 个模块：

人才招聘：设计部门需要不断注入新鲜的血液以便更好地成长。

扮演角色：因人而异，每个设计师扮演好在团队中的角色。

管理分权：集权制会导致工作效率低下，团队成员还得不到成长。

公开激励：激励无疑可以点燃组员的工作热情，而适当公开激励，就是全员的助推器。

专业学习：设计师聚在一起是要产生化学反应，每个人都想在团队中成就自我。

自我成长：设计变化太快，要时刻保持学习心态。

跨部协作：跨部门沟通才是体现设计师情商的地方，不仅要设计好，还要表达好，会沟通。

13.1.1 人才招聘

对于设计团队的管理者而言，应该保证团队的输出质量，给予团队及业务最强有力的支持。想做好这一点，最急需的是优秀的设计师，没有高水准的设计师很难保证设计输出的质量。所以找到优秀的设计师就变成一项很重要的工作。

1. 自己动手找人脉

多关注各大设计平台，这些平台上有很多大牛，也有很多来学习的初学者，看作品基本就能分辨其设计水平的高低，在这里经常可以挖掘到团队需要的人才。对设计感兴趣的设计师，在闲暇之余一般都喜欢设计点有趣的东西，发布在这些平台上。设计得越好，点赞评论的人就越多，设计师就越有分享自己作品的动力。可以先成为他的粉丝，多关注他的动态，然后再慢慢弄清楚他的公司及个人的基本情况，择机与之取得共鸣，等待招聘机遇，招致麾下，填补团队的空缺。

2. 组员推荐

设计师一般都会有自己交流的小圈子，要鼓励团队成员去推荐，这样的设计师在到岗后往往可以很快融入团队，而且还相对稳定。

3. 长期做人才储备

HR 如果可以推荐优秀的设计师，那肯定是再好不过了。面试前最好多做一些准备工作，尽量多了解面试者的基本情况，合适的时候也可以多给组员一些面试的机会。即使没有名额，也要不断关注优秀的设计师。团队招聘是一件耗费巨大心血的事情，而且漫长且煎熬，必须要有足够的耐心和心理素质才能做好。

13.1.2　扮演角色

团队分工是个技术活，设计师都有自己擅长的一面和欠缺的一面，要想根据业务需要取长补短，关键看团队如何分工。优秀的团队不需要每个人都是顶级设计师，而应根据业务需求做合理的分工。譬如好多球迷都喜欢西甲的巴塞罗那队，球队里有顶级球星梅西、内马尔、哈维、皮克、罗纳尔迪尼奥等。这个全明星的阵容，为什么不能总是为团队夺冠呢？足球、篮球、排球等这些团队类的体育项目，最需要的是团队的齐心协力、传球配合，而不是个人冲锋的英雄主义，即使独立得分了又能怎样？并不是所有人都是明星就一定能得分。所以团队成员必须互相配合、互相协作才能促使团队的高效输出，设计师团队也是如此。

1. 按业务划分

团队分工时应多采用业务线划分的方式，这样做的最大好处就是专人专事，业务线需求也好找到相应的对接人，不用每次都找不同的对接；弊端是团队成员的学习机会相对较少，因为接触的业务模块相对单一。如果换个分工方式，根据业务线设计需求划分，给设计师更多机动的选择空间，这样是不是会更有助于激发设计师的设计兴趣？有机会不断挑战自己，对设计师自身能力的提高也是多面性的。当然，实际操作起来，业务线需求紧急程度都有相应的优先级，紧急需求基本都是交给有经验的设计师。

2. 按导师组队形式分工

在设计团队里面，很难做到让每位设计师都得到公平的设计机会。这里就需要管理者权衡好团队设计师的分工。以 8 个人的设计团队来说，在人员分工安排上，起码应该有 3 位高级设计师，这样才能保证团队可以独立完成大型项目，有条理地对接、沟通好项目进程中的细节问题；需要拥有 1 位擅长手绘图形的设计师、1 位擅长产品交互设计的设计师；另外需要有 3 位中级左右的设计师，各自以 3 位高级设计师作为导师，他们可以解决大量繁复、设计难度相对低一点的设计需求。人员的权重设定好后，对成员的工作分配也就得心应手了。

3. 培养特质

设计团队成员实现高效产出，才可能做到快速反应，高效解决各种疑难杂症。管理者在团队分工建设中，要有意识地关注具有特质的设计师，或者在团队内部培养设计师的特质。有特质的设计师往往可以在关键时刻，给团队带来意外收获。团队里的高级设计师应该把分享自己的设计心得作为工作中的一部分，不间断地给团队预留充电学习的时间。

13.1.3 管理分权

管理者的精力有限，小团队的最佳人数为 6 人左右。团队再大点，管理者可能会照顾不到，而且他经常会列席各种会议、负责部门沟通，还经常会有出差安排，这时候可能就无暇顾及团队事务。这里跟大家分享几点关于管理分权的心得。

1. 给有能力的人机会

团队大了，应根据工作的需要向设计师适当放权，侧重那些有能力且有管理意识的设计师，给其一些锻炼的机会。这样，不仅管理者自己的时间可以解放出来，去做更重要的事情，还可以让有能力的设计师得到晋升的机会，其他组员也能清晰看到团队的成长空间。这会变成稳定团队的一种激励方式。

2. 交互设计师的权限

在实际的工作项目中，交互设计师、视觉设计师、前端工程师通常是在一个项目中合作，这时候针对项目可以临时组成一个小的设计团队，这里的交互设计师无疑是最适合临时性管理这个设计团队的，因为交互设计师对于整个项目的细节进展推进更加了解，并且项目进行到视觉设计和前端开发时，交互设计师的原型设计工作早已结束，在时间上相对比较宽裕，团队成员只需要向交互设计师了解项目进度即可。

3. 设计师的口碑

日常管理需要根据设计师的性格和特长予以分配权限。比如团队中有的设计师骄横跋扈，即使能力很强，也不太适合给其特权。团队分权更多是根据业务项目的需求设定的，被分权的人的性格和在团队中的亲和力当然也是至关重要的。亲和力强的人即使拥有特权也不会做出什么过分的事情，而且更容易得到团队成员的信服。作为被分权者，若分配的项目任务不能得到有效执行，就会失去团队分权的意义，所以分权给适合的人才是分权的关键所在。

13.1.4 公开激励

说到激励，直观想到的都是跟加薪挂钩。任何一家公司都会有一套绩效考核的标准作为升职加薪的机制，健全的机制是不会因为个别员工的需求被打破的。对于激励，精神激励往往比物质激励更具吸引力，在团队中一般有以下几种激励方式。

1. 公开表扬

2009 年麦肯锡就最能激励员工的方式做了一项调查，结果排在前两位的居然是“直接领导的公开赞扬”和“领导的关注”。此外，在赞扬方面，公开赞扬比私下赞扬对员工的正面影响要大很多倍。因为这种方式导向的不仅仅是管理者对员工的认同，更是整个团队对该员工的认同。所以管理者们在适当的时候不要吝啬在公开场合给予赞扬。

2. 近距离沟通

管理者经常跟员工进行一对一交流，这可能是留住优秀员工最直接的方式。这种近距离的沟通，首先应该做到让员工放松，以聊家常的形式减少对方的顾虑。基本涵盖几个方面：工作怎么样、心情怎么样、遇到什么问题、有没有新想法和改进建议、家庭生活怎么样。这是管理者时刻掌握员工状态和工作问题最快速、有效的方式，针对员工的不同状态帮助其及时做出调整，工作中遇到的问题也可以得到快速解决。在工作之余，管理者也可以和团队成员成为好朋友，这会让你的管理变得更加顺畅。但要注意，不要在公司场合过分亲近某一位员工，这样会招致其他员工不满，引发员工对工作公平程度的怀疑。

13.1.5 专业学习

员工离职是每个管理者不得不面对的问题，原因可能有很多：薪水不给力、同事关系不好、项目无趣、工作环境差、办公地点远等。其实这些理由对设计师而言都不能算是关键，最核心的往往只有一点，即“看不到成长的空间”。设计师在专业方面的学习直接决定其成长的空间，能长期留在团队中最重要的因素往往是自己还可以不断学习成长。因此，设计师需要不断被激励去努力工作，更需要团队创建一种学习分享的文化氛围，让团队和个人共同成长。

1. 多鼓励设计师

每位设计师都不甘于平庸，不想永远只做个螺丝钉，都想向高级设计师进阶。但设计师评级是根据其能力所做的综合评估，需要设计师在工作和专业上逐步积累，这是一个漫长且艰辛的过程。如果管理者关注设计师成长的这些细节，可能一句简单的鼓励、一些默默的支持和督促，很可能会改变设计师对设计的理解。所以，管理者应该多给设计师一些鼓励，帮助他们成长。

2. 团队学习氛围

激励团队成员，加强交流，让团队有健康的风气、有持续的成长。一个人工作三天的成果和三个人工作一天的成果往往会差距很大，设计师的思想是需要碰撞才能收获意外的火花。管理者应该为设计师营造一个好的团队氛围，帮助团队和个人持续成长。

3. 团队提高

比如专业分享，每个人都定期分享自己的设计心得。这样的好处是设计师可以有意识地定期整理自己的设计项目，总结自己的设计想法。有些人会觉得没什么可整理的，但是自己整理后却发现输出设计观点很难。定期分享不仅可以帮助设计师提高个人的思辨能力，而且增加了团队内专业思想的交流碰撞。如果整个团队死气沉沉，各自埋头苦干，那管理者就要反省自己了，这样的氛围持续不了多久，优秀的设计师可能就会相继另谋高就了。

13.1.6 自我成长

一位优秀的团队管理者，不但要做到精通专业，还要不断寻找优质资源，提高工作效率。

如果专业上不精通，就无法洞察问题，更提不出建设性的解决办法。所以管理者在专业上必须要有几把刷子，当然管理者不应该把专业第一作为团队的目标，好领导会招聘比自己专业更优秀的人才。因为管理者并不仅靠专业能力吃饭，还需要有更宽广的心胸和前卫的视野，为团队争取更好的资源。他们应将公司层面的各种信息转换成自己的语言及时传达给团队成员，然后调配各种资源去解决问题。所以管理者的自我提高，不仅在于专业能力上的提高，更在于成就设计师的价值和成长、补全团队中的缺失、思考战略和强化执行，让团队中的每个人都能获得发展自己的机会。

13.1.7 跨部协作

设计部门是个服务部门，会与很多业务部门有交集。这就会出现专业设计和专业需求理念发生冲突的情况，我们只是在设计领域专业，而在业务需求领域需求方可能更专业。双发沟通难免产生一些隔阂，如果双方都坚持自己的意见就会导致一个后果——影响整体工作进度。

管理者适时站出来，帮助设计师以更大的视野看待产品以及和其他团队的沟通协作。与其他团队的沟通协作不仅是技巧问题，更是视野问题。当设计师纠结在一个设计点上时，管理者需要思考这一点在全局中的位置、对其他团队的影响，再对自己的工作做出相应调整。经常跨部门、跨产品工作的设计师会有机会看到产品的全貌，应当多鼓励设计师对产品全局乃至战略进行思考。

下图就是我对搜狐设计团队管理者工作范畴的总结，包括人才招聘、角色扮演、管理分权、公开激励、专业学习、自我成长、跨部门协作，无论哪块工作做不好，都会影响整个团队的稳定发展。管理就是尽可能多地站在设计师的角度去想他们需要什么，然后主动去解决，而不是等到设计师提出来再去解决。管理并不意味着减少工作，而是需要更努力去付出，才能收获整个团队的成长，为公司创造更大的价值。

团队管理的七大块

13.2　激励点心

上一节讲述了管理者的七块重点工作。这些工作围绕的核心是团队，而团队是由设计师组成的。换到设计师的立场，留在团队，无非两个目的：自身发展和生活所迫。很明显，大部分人都是为自身发展工作。因生活所迫而工作的太少了，毕竟这样的工作态度缺乏向上的动力，终究不会长久。那对于设计师而言，哪些会吸引其留下来呢？设计师能被激励到的点，基本可以概括为 5 个：独立对接项目需求、分享互动学习体系、工作环境、晋升通道、企业文化。

13.2.1 独立对接项目需求

项目需求的种类很多，根据项目需求的类型，找对适合对接需求的人，给不同级别的设计师相应的机会，这样设计师参与工作的热情和输出质量肯定不一样。这也是对其激励的一种方式。当然每个部门都会有一整套需求对接规则，这就要结合设计师的发展需要，灵活变通，达到双赢的局面。

独立跟项目负责人对接需求，每一步应该怎么走，只有经历过才能了如指掌，需求方可能会跟你不断沟通细节，面对产品的问题不同，所需的沟通方式肯定不尽相同。所以设计师并不只是要做好设计，还要学会如何更好地表达，怎么把设计意图完整地传递到需求方，这才是沟通的关键。往往设计师做得很好，可需求方却捕捉不到设计的创新所在，这就是在做无用功。还有经验不足的设计师在面对强势的需求方时会表现得很胆怯，甚至一味迎合，完全没有底线，这如何能做好设计呢？设计其实是在帮需求方完成工作，只有顺畅的沟通才能保证设计的输出质量。所以独立对接项目对设计师来说当然是非常好的锻炼机会。

13.2.2 分享互动学习体系

把分享作为团队进行互动学习的方式，应该是现在大多数 UED 部门采用的交流方式。这对团队及个人的发展都大有益处，形式也比较简单，前期制定好分享的规则，大家都遵守游戏规则，分享各自的心得，共同参与探讨。同样的设计，不同的人，可以品出不同风味，每个人对不同层面的理解不一，观点当然不同。

1. 分享内容多样化

我们团队分享的类型有很多，近期项目经验、心理学、炫技派、用户调研、交互设计、情感化等。针对自己不熟悉的领域，为了做分享，可以去搜集资料、学习总结出一套体系分享给大家。这样不仅自己学习了，还带着大家一起涨知识。所以我们的分享体系，一直受到设计师的热烈追捧，大家也都渴望得到学习交流的机会。

2. 给设计师锻炼成长的机会

很多设计师在工作中进行交流没有问题，可是一到台上演讲就会发生各种状况，比如紧张到语无伦次。通过分享锻炼可以提升设计师的表达能力，刚开始大家可能会有点怯场，多分享几次就好了。每个人都有提高自己的意愿，都想多学习东西，不断强大自己，保证自己在职场上越来越有竞争力。每个人心中对自己都有一个职业规划的期望值，都有需要提升的地方，很多设计师愿意将自己的经验分享给大家，和大家一起探讨。分享是相互的，当你认真对待的时候，别人会以同样的方式回馈你。

13.2.3 工作环境

很多人换工作的理由就是换个环境，可见工作环境有多重要。环境对一个人是精神上的约束，好的环境会使其身心愉悦。组内氛围非常重要，很多同学是上班的时候说一句话“早上好”就开始埋头苦干，下班的时候再礼貌性地说一句“再见”。这样的氛围长期下去过于压抑，对设计这种创造性工作而言是大大不利的。

环境因素不是一己之力可以改变的，这需要团队一起来营造，从而增强团队的互动性。调节组内环境氛围，可促使组内良性发展。

13.2.4 晋升通道

上升空间是个无法回避的话题，每个人的职业规划都不一样。很多设计师在三年之内得不到晋升，对现有工作的激情就会减退。

从内部提升优秀人才是大部分公司的做法。设计师达到高级以后，趋向于带人，同时也要面试人，这就需要学习很多管理方面的知识。这是很多人职业规划的一部分，不仅仅可以激励自身更努力工作，还可以对组员起到激励作用，变相带动整个组共同进步。设计师之间会互相攀比，这就更容易形成一种努力求上进的氛围。给设计师明确上升通道，让所有人都对明天有盼头，这就是一种很好的激励机制。

13.2.5 企业文化

我们产品的体验设计不是只在部门内喊口号，而是要将用户体验为中心的思想植入公司的核心价值和文化中。用户体验工作无法由用户体验人员单独完成，而是要由整个公司不同职能的人员共同完成。用户体验工作首先是一种思维方式，只要以正确的方式思考，就可以有效地参与到用户体验工作中。让不同职能的人员都认识到，产品需要以最好的用户体验状态出现在用户手中，并以此为共同的目标，调整工作的方法和流程，让用户体验的思维真正融入团队的各项工作中，从而做出真正具有优秀用户体验的产品。

1. 扩大体验设计带来的影响

充分组织和利用资源让用户体验工作产生结果。再好的想法，如果没有实现就只是空想，不会发挥影响力。用户体验团队不仅要高质量、高效率地完成平时工作，还要主动组织力量“啃一些硬骨头、打一些大仗”，利用用户体验独特的视角发现问题和机会，并且调动开发、运营、市场等各团队的力量，实现想法，帮助公司在产品甚至战略上取得一些突破性的进展。这就是在整个公司中开展用户体验工作的独特价值。

2. 文化氛围影响产品

产品的体验能作为一种企业文化，传达到公司的层面，对于设计师的激励绝对是空前的，没有比这更有力量的输出了。

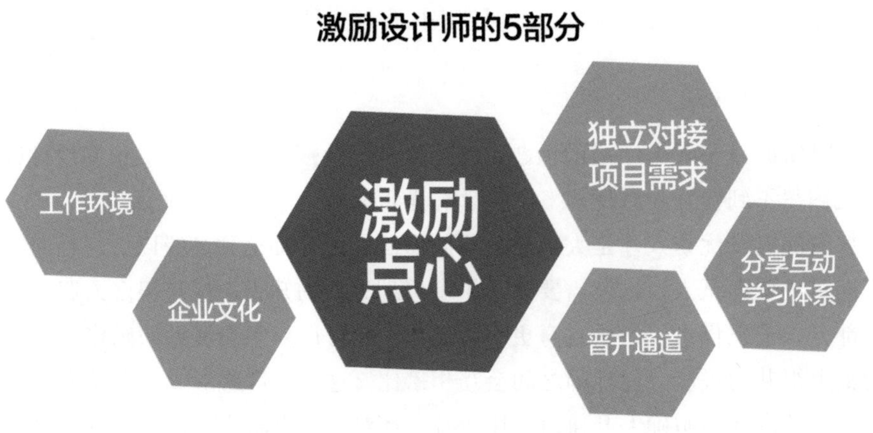

以上总结了激励设计师的一些方法，当然还有很多。身在职场，每个人根据自己的情况对工作有不同的需求，且各阶段的需求也不尽相同：有人只要求收入增加；有人要求团队能助个人成长；有人要求工作环境好；有人要求企业文化好。

13.3 诊疗团队的疑难杂症

不同企业文化会滋生不同的内部问题，不同部门间又因业务线的不同呈现出不一样的疑难杂症。如果这些问题同身体面对病菌一样，遭遇过一次，痊愈后可以产生抗体，这是管理者期望的最好结果。但实际工作中并不是这样，这个问题一旦存在，如果没有很好的解决方案，就会反复困扰整个团队，不仅影响团队的工作效率，而且影响整个团队的稳定，所以必须对症下药。当然不乏有管理者觉得这是很正常的，无须开药方，每次遇到解决就好了。长此以往，小到对接的项目，大到公司层面都可能会出现不同的问题。要想避免这些问题，我们就应该对不同的问题开好“药方”，及时根除这些病原体，以保证团队的良性发展。

疑难杂症是具体的病，是病就要治，该怎么对症下药？离不开团队所有智慧的碰撞。在面对一系列头疼的问题时，我们团队的小伙伴们会共同讨论，各自反馈相应存在的问题，集思广益，各抒己见，进而找到合适的解决方案。我们总结了设计团队中经常遇到的 3 大块疑难杂症：伪需求、运营需求、设计规范。

设计团队的疑难杂症

- 清楚需求来源
- 了解同一需求的反馈量
- 清楚需求的属性
- 确认反馈较多需求的真实覆盖面
- 清楚需求开发周期的长短和优先级
- 了解同一需求的反馈量
- 清楚需求在产品当下阶段的重要性
- 用户愿意为之付费的需求可多考量

- 活动背景
- 传播渠道
- 以往同类活动的数据
- 预期传播效果
- 设计的个性要求
- 设计内部对同类活动的设计要求
- 可参考案例

- 从实际的应用场景为原则
- 实时更新迭代规范
- 不要被规范牵着鼻子走

13.3.1　伪需求

伪需求，说的是产品的现行需求不符合当前产品的发展，这些需求折射到产品层面，就是不符合产品的发展，这类需求统称为伪需求。伪需求如果被大量引用在产品中，有可能导致产品无法运营下去。工作中我们经常接触到类似的伪需求，一些小的需求迭代还好，但如果要牺牲用户体验或是产品逻辑，这就触碰到做体验设计的底线了。这时就需要重新思考一下产品是否真的是站在为用户解决问题的角度。

伪需求对产品经理来说也比较头疼，因为可能收集了大量用户反馈才促成了需求，拿到设计部门却得到很多不一样的见解，导致这个需求很难执行下去。所以问题来了，我们怎么来区分用户需求的真伪呢？这里总结了 7 个辨别维度。

1. 清楚需求来源

新需求是什么样的用户通过什么样的方式提出来的？帮助其解决了什么问题？我们尽可能多地收集用户的画像信息，分析产生需求的原因。

2. 了解同一需求的反馈量

要确认需求是否具有代表性和普遍性，就要看多少用户反馈了这一需求，是同类用户，还是不同类用户，反馈数量在整体反馈中占比多少，都是什么类型的用户反馈了这个需求。如果数量不足或者需求不确定，也可附以抽样调研，比如从用户群中随机筛选 100 人。

3. 清楚需求的属性

需求是细节优化类还是功能迭代类？是强需还是弱需？细节优化类的需求，花十几分钟或几个小时就能搞定的可以直接做，哪怕只是锦上添花都可接受。而涉及功能迭代的、影响用户使用习惯的需求，尤其是即将耗费超过一周的研发周期的需求，就要仔细考量了。

4. 确认反馈较多需求的真实覆盖面

可通过在线调查问卷、KOL 群体、微信、QQ、需求反馈有奖活动等多渠道获取用户的反馈，看用户最终的反馈结果分析其对需求的接受程度。超出半数以上认可可进入排期考虑优先级和重要程度。反之则向后顺延，等待合适的机会。

5. 清楚需求开发周期的长短和优先级

清楚需求的开发周期和优先级，有时为了在规划好的时间内完成，涉及比较烦琐的功能，可以按优先级分版本迭代。

6. 清楚需求在产品当下阶段的重要性

清楚需求对产品当前阶段的重要性，避免紧要功能没及时跟上，导致业务受到影响。

7. 用户愿意为之付费的需求可多考量

产生商业价值是产品的重要目标之一，如果此处能为企业带来商业利润，只要还符合产品当前阶段的发展方向，占用的排期又不大，当然可以优先考虑。

比如我们做过一个关于汽车产品的优化需求，这个需求是优化产品中的车型对比模块。车型对比的参数太多，这样的展现形式比较复杂，显得古板，同时不利于用户记忆。产品人员想将这些参数以可视化的形式展现给用户。这个优化需求提得很好，交互和视觉设计师都肯定了这个需求的可行性。可到了设计阶段，我们发现需求有点问题：用户必须按照预设好的步骤操作到具体的车款才能进行比对，直接选择车却无法进行整体比对。比如对比宝马 5 系、奔驰 E 级、奥迪 A6L，是没办法直接完成的。产品的思考很简单，就是车型对比要落实到具体的参数，不选择具体的车款就没有数据做比对。

车型对比设计需求

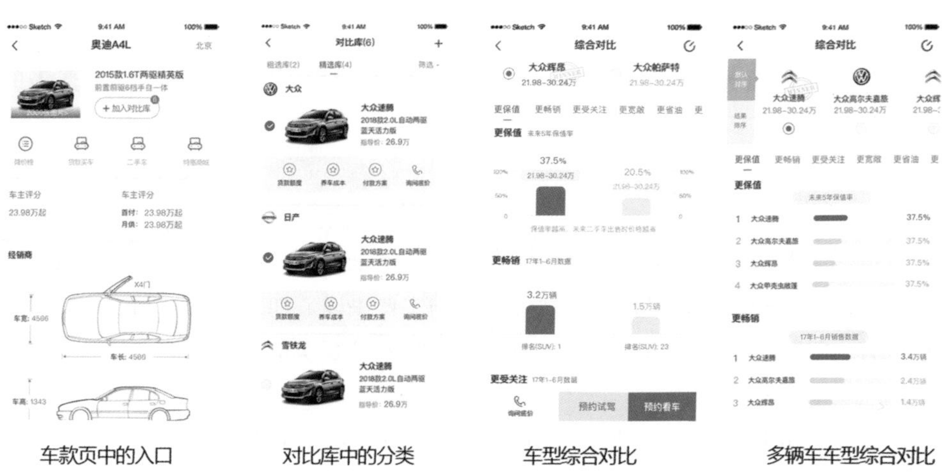

车款页中的入口　　对比库中的分类　　车型综合对比　　多辆车车型综合对比

宝马 5 系的车款有 528Li、530Li、540Li 等；奔驰 E 级的车款有 E200、E300、E320 等；奥迪 A6L 车款有风尚型、豪华型、尊享型等。同级别的三种车型下各有这么多车款，而且不同车款的配置和价位相距甚远，这不是给刚了解车的用户出难题吗？

结合我们辨别伪需求的方法，来分析一下这是不是伪需求。

第一步　我们清楚需求的来源，需求来自是想买车，但对车型不是很了解的小白用户。

第二步　我们了解到有车型对比需求的群体占比很高，用户非常需要更直观的对比。

第三步　需求属于功能迭代类，不是简单的细节优化类，占用的开发周期比较长。

第四步　我们在产品中增设反馈渠道，发现大部分用户都支持这个需求。

第五步　我们清楚这个需求优先级很高，虽然会耽误开发周期，但可采取分版本迭代的方式。

第六步　我们清楚这个功能对当前产品升级有很大的帮助。

第七步　关于用户付费，我们要通过数据来分析，以确定是否真的能提升付费用户数。

通过以上分析来看，这个需求符合用户的需求，可是这个需求的设计逻辑并不是用户需求的，因为用户反馈的都是车型对比，并未要求到车款（这对用户来说太复杂，需求应该用这样的入口，但不能强制用户必须选择才能做比对）。

所以最终通过我们一步步优化，允许用户进行车型对比，然后引导用户按照自己的需求比对不同车款。这样我们就把一个伪需求变成了用户真正的需求。

13.3.2　运营需求

运营需求是配合产品各版本需求做的一系列推广活动。运营类的活动需求，是为产品拉新的一个手段，也是运营产品的主要手段。如果运营活动没有做好数据统计，设计师在完成这样的需求时，往往得不到真实的市场反馈，导致设计的热情也会有所减退。

譬如，我们在年末会做一系列大型的活动，我们在做完活动的主视觉后，还会有很多关联的运营需求要做，比如PR图的设计、推广海报的设计、线下物料的设计等。这些需求很难得到数据的支撑，也很难获取到真实的传播效果。

下图的设计案例在我们工作时会经常碰到，设计师更想知晓活动背景、传播渠道、以往同类活动的数据、预期达到的传播效果、设计的个性要求、可参考案例等。有这些信息做支撑，设计目的才会更加明确，如果还能获取市场的真实反馈，就能为下一次做出更好的设计打好基础。如果我们将这些基础打好，通过设计为产品带来各方面的数据提升，还能形成引领市场的热点趋势，这是每个设计师都所向往的。

运营活动设计

抢红包活动

汽车知识大闯关活动

配合热点推广活动

全站推广活动

13.3.3 设计规范

企业品牌在传播的时候，会制定整套 CI（企业形象），CI 由 MI（理念识别）、BI（行为识别）、VI（视觉识别）三部分组成。其中 VI 是我们最熟悉的，经常需要设计，遵守系统设计起码可以保证传播品牌形象的一致性。我们设计产品时同样需要整套体验设计规范。试想一下，同一款产品，很多设计师参与其中，如果没有一个统一的规范，设计出的效果肯定不尽相同。即使是同一个设计师来做，不同版本可能都不一样，可以想想这样的产品会形成自己的品牌效应吗？品牌 LOGO 的视觉在应用的时候都需要严格遵守 VI 规范，产品设计同样需要 VI 规范来统一设计形象。

但设计规范在实际应用中经常会遇到处理不好，反倒限制设计发挥的情况。这时候可能还要依据情况的复杂性考虑怎么更合理地去规范，所以设计师必须正视规范的实际作用，设计规范必须遵循以下 3 个原则。

1. 从产品的实际应用场景出发

讨论问题时，不能把规范作为衡量的唯一标准，这样可能会限制设计师的设计思路。设计本来是不断创新的，如果因为我们定的设计规范而影响创新，那还需要设计规范干什么？所以设计规范应基于产品的实际需求场景来灵活运用。

2. 实时更新迭代规范

规范不是一成不变的，因为产品总在不断地更新迭代，所以规范也要不断完善，把有争议的规范或新的设计组件沉淀下来，修改或增加新规范。

3. 不要被规范牵着鼻子走

做设计延续规范形成统一的风格，当然没有任何问题，但我们不能只学会用规范，而是应该更多植入自己的创新思维改善产品，不能因为规范而丧失我们的创造力。

遵守这 3 点原则去设计规范，才能避免规范给我们带来的困扰。

譬如，在 Android 设计语言中，Snackbar 与 Toast 通常用于对某种行为的反馈，这两个控件的用户体验非常好，可以及时反馈给用户操作结果。可在 iOS 的设计语言中，没有 Toast，只有与之相近的 Alert 和 HUD。它们的区别在于，Toast 存在几秒钟后会自动消失，而 Alert 和 HUD 需要用户手动点击才可以关闭。

Snackbar 与 Toast 给予了一些非常轻量的信息，并不打断用户主任务；具有短文本、暂时性、最多 0 ～ 1 个操作、不包含取消按钮、不会阻挡浮动操作按钮等特点。

Alert 和 HUD 常用来传递重要的消息，必须让用户停下其他工作仔细查看，具有可以带 icon 图文混排、强制性、允许多个操作、包含取消按钮、允许以模态的形式阻挡当前页面操作等特点。

HUD 出现在屏幕的中央，Toast 在底部；

HUD 一般是毛玻璃透明的效果，Toast 一般是灰黑或者黑色半透明的效果。

HUD 中内容可以变化（如调节音量时），Toast 中内容不可变化。

但设计师在设计 iOS 产品的时候基本都会用 Toast 这个组件，只是它不是出现在屏幕底部，而是屏幕中间。这是随用户使用产品的场景来灵活运用的，毕竟这个体验确实很好。从 iOS 的设计规范的角度来说，整体思路是轻量化，Toast 轻消息提醒的模式自然会被设计师广泛地应用起来，而不会过分在乎 iOS 规范中没有提到它。

Android和iOS系统中的Toast设计

iOS系统中的“HUD”（透明指示层）

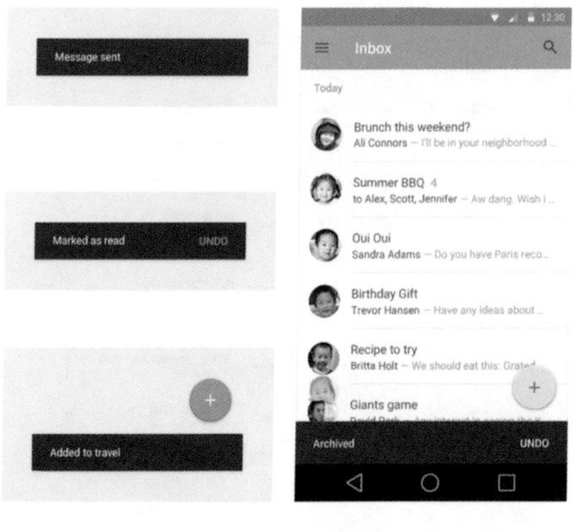

Snackbar与Toast　　手机端Snackbar规范没有取消

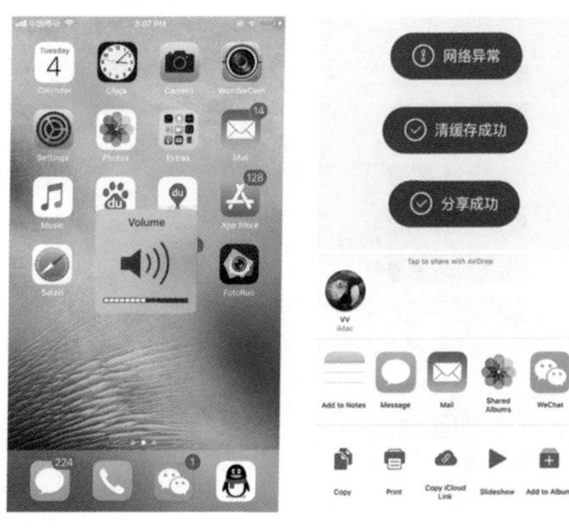

HUD设计　　产品中经常遇到的设计

这其实就要求设计师不要盲目遵循规范的最好例证。我们应当从用户场景和实际情况出发，选取能解决问题的设计方案。我们都知道制定设计规范的价值所在，但这也是一件非常耗精力的事。尤其在大型设计团队，设计师和业务线众多，想要在这么多人的工作中穿插一套完整、高效的规范，绝非易事。

设计师只有认可了规范的重要性，才能在此基础上融会贯通地创新。我们一直在说规范的影响力，却忽略了制定规范才是源头。一般来说，往往是规范制定得太全太细，以至于受到设计师的抵触，设计师因此提不起设计的兴趣。制定规范时最重要的原则就是不要把设计用条条框框限制死，对细枝末节都加以规范，我们应该分大模块来制定，保持规范的灵活性。

比如，设计规范可以这样制定：定一个主色，然后按需搭配辅助色；各页面依据产品功能，其布局方式可能有很多种，具体布局方式就不应该被写入规范；对各模块不同层级的字体大小可以做一个统一的规范，特殊场景下再灵活应对。Web、Wap、App 等不同端的产品应做好不同的体验设计规范。不应该是一两个设计师参与制定规范，应尽量让全员参与到规范制定中来，规范的制定优劣很能反映出团队的整体的水平。管理者能否组织协调好整个制定过程非常重要。

产品中的设计规范

综上所述，设计规范的宏观意义就是：为方便大团队大项目协作而建立的、统一的设计文化；使传达和执行设计思想更加容易；保证多人参与同一项目时，最终产品的视觉一致；优秀设计规范的建立本身就是对设计团队的考验；用户体验对产品的认知得到了统一；塑造整个产品形象；产品的迭代与交接更加高效；设计师的输出更加高效统一……

设计规范在细节意义上的重要性一目了然，制定环节需要仔细斟酌，应用好也是个技术活，面对产品的实际应用场景灵活变换，不断更新迭代设计规范，才能保证有新的血液，才能跟上当下产品的发展趋势，从而高效输出。对于品牌来说，这样可以保证对外形象的统一；对于产品来说，这样保证用户体验认知的一致性。

以上这几点是我们团队中存在的核心问题，不同公司团队的问题都会因业务形式、产品背景、企业文化、领导风格等不同而呈现出不一样的问题。当然会有很多人说，设计师的职业素养才是团队的核心，这一点咱们是可以达成共识的，毕竟进行实际工作的人才是团队的灵魂所在。团队只有健康发展才能留住人才，共同成长。我希望通过书中总结的这些问题帮助行走在设计路上的你。

附　录

设计师独白

到此，关于产品体验设计方法与案例的讲解就告一段落了。看完前面的内容，你是不是对产品设计有新的了解？是不是想要切身体验自己设计点东西，或者想要了解更多关于设计、产品的内容呢？为此，本书作者各自分享了他们对设计的理解，以及他们自己的成长历程。这里给出文章的标题，感兴趣的读者可以通过华章网站（www.hzbook.com）获取他们的内心独白，了解他们在设计路上的二三事。

修行	李伟巍
破茧——十年设“记”	霍冉冉
设计是一种态度	钟秀
老菜鸟的独白	孙伟
成长	王婷宇
新人进阶	杨茜茜
设计感悟	陈昕冉

Ps：文末有彩蛋哟！

推荐阅读

Design Strategies from Silicon Valley
硅谷设计之道
探寻硅谷科技公司的体验设计策略

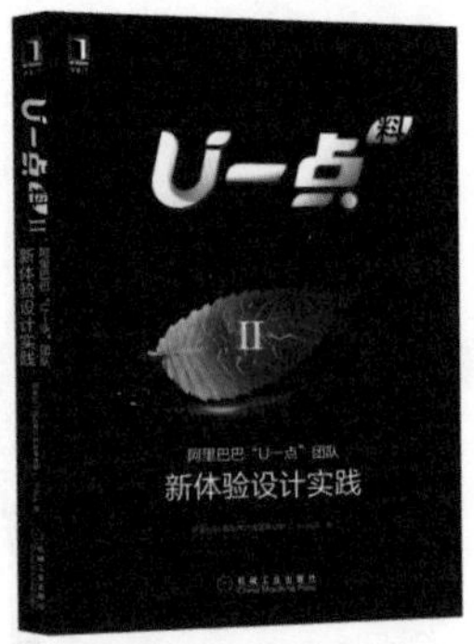
U一点
阿里巴巴"U一点"团队
新体验设计实践

THE ESSENCE OF ALIPAY DESIGN
支付宝体验设计精髓
AUX

THE JOY OF UX
用户体验乐趣多
写给开发者的用户体验与交互设计课

视觉链
VISUAL LINK

好设计，有方法
我们在搜狐做产品体验设计
Good Method, Good Design

Steve Krug
DON'T MAKE ME THINK
原书第3版
Third Edition
点石成金
访客至上的Web和移动可用性设计秘笈
A Common Sense Approach to Web Usability

用户体验要素
THE ELEMENTS OF USER EXPERIENCE
以用户为中心的产品设计
原书第2版

Quantifying the User Experience
用户体验度量
量化用户体验的统计学方法
(原书第2版)